普通高等教育"十二五"规划教材

VBA编程及应用基础

主　编　林永兴
副主编　范玉仙　胡　萍

中国水利水电出版社
www.waterpub.com.cn

内 容 提 要

本书以 Microsoft Office 2010 作为平台，按照认知规律介绍 VBA 的基础知识和应用方法，内容涵盖程序设计的基础理论、VBA 的基本编程技术和界面设计方法，主要包括：数据类型、常量与变量、运算符与表达式、常用内部函数、控制结构、数组、自定义过程、Excel VBA 对象、窗体控件、ActiveX 控件和用户窗体等。

本书内容丰富，图文并茂，例题、习题详尽，以初学者为对象，以易学、实用为宗旨，旨在帮助初学者快速掌握 VBA 的精髓，提高读者的 VBA 应用技能，从而提高办公效率。

本书适合作为应用型本科院校 VBA 相关课程的教材，对于从事办公或相关办公领域的工作人员也有较好的参考价值。

图书在版编目（CIP）数据

VBA编程及应用基础 / 林永兴主编. -- 北京 : 中国水利水电出版社, 2015.1(2022.8重印)
普通高等教育"十二五"规划教材
ISBN 978-7-5170-2954-0

Ⅰ. ①V… Ⅱ. ①林… Ⅲ. ①表处理软件—高等学校—教材 Ⅳ. ①TP391.13

中国版本图书馆CIP数据核字(2015)第033035号

书名	普通高等教育"十二五"规划教材 **VBA 编程及应用基础**
作者	主编 林永兴 副主编 范玉仙 胡萍
出版发行	中国水利水电出版社 (北京市海淀区玉渊潭南路 1 号 D 座 100038) 网址：www.waterpub.com.cn E-mail：sales@mwr.gov.cn 电话：(010) 68545888（营销中心）
经售	北京科水图书销售有限公司 电话：(010) 68545874、63202643 全国各地新华书店和相关出版物销售网点
排版	中国水利水电出版社微机排版中心
印刷	天津嘉恒印务有限公司
规格	184mm×260mm 16 开本 11.5 印张 273 千字
版次	2015 年 1 月第 1 版 2022 年 8 月第 4 次印刷
印数	7221—11220 册
定价	**38.00** 元

前言

计算机作为一种工具已经与各行各业紧密融合，因此，几乎所有的工作岗位都要求相关人员必须具备一定的计算机办公能力，办公软件成为了人们日常使用最多、最频繁的工具之一。随着信息化理念的不断提升和行业竞争的日趋激烈，熟练运用办公软件，同时掌握办公软件高级应用技术的人才，才能满足当前社会灵活多样、快速高效的办公要求。

在众多的办公软件中，Microsoft Office 系列办公软件一直是最受欢迎的选择。Visual Basic for Application（VBA）是 Microsoft Office 系列办公软件的内置编程语言，“寄生”在各 Office 应用程序中。通过 VBA 可以使 Office 应用程序自动化，可以创建自定义的解决方案，从而大大提高办公的效率和灵活性。根据当前办公软件的应用范围，本书以 Microsoft Office 2010 作为平台，按照认知规律介绍 VBA 的基础知识和应用方法，以初学者为对象，以易学、实用为宗旨，旨在帮助初学者快速掌握 VBA 的精髓，提高读者的 VBA 应用技能，从而提高办公效率。书中各章之后还精选了大量的课后习题，有利于帮助读者巩固所学。

全书共分 6 章：

第 1 章 VBA 概述。主要介绍 VBA 的基本概念和开发环境，包括：宏、VBE 和 VBA 程序的组成等。最后对如何学好 VBA 介绍了一些心得并提出了一些建议。

第 2 章 VBA 编程基础。主要介绍 VBA 的语法基础和一些语言要素，包括：数据类型、常量与变量、运算符与表达式、常用语句，以及常用的内部函数等。

第 3 章程序控制结构。主要介绍程序设计中最基本的 3 种控制结构：选择结构、循环结构，以及它们的执行流程和在 VBA 中的实现语句。最后介绍应用非常广泛的两种基本算法：迭代法和穷举法。

第 4 章过程与函数。主要介绍 VBA 过程、如何自定义 VBA 过程以及使用 VBA 过程和参数传递。

第 5 章 Excel 的 VBA 对象。主要介绍 Microsoft Office Excel 2010 的常用 VBA 对象和应用方法，包括：Application、Workbook、Worksheet、Range 和 Worksheet Function 等。

第 6 章界面设计及应用。主要介绍 VBA 应用程序的界面设计方法，包括窗体控件、ActiveX 控件和用户窗体的界面设计。最后通过两个综合实例演示 VBA 的基本编程技术和界面设计方法，扩展对 VBA 强大应用范围的认识。

参与本书编写工作的均是浙江理工大学科技与艺术学院从事 VBA 相关课程教学的一线教师，在出版之前，本书内容以自编讲义的形式在校内已经使用了两年，教学效果良好。本书编写的具体分工如下：第 1～3、6 章由林永兴编写，第 4 章由胡萍编写，第 5 章由范玉仙编写，全书由林永兴统稿。

本书内容丰富、条理清晰、易学易用，综合案例基于行政办公、企业公司业务等实际而设计，适合于作为应用型本科院校 VBA 相关课程的教材，对于想提高办公效率的公司职员，以及从事会计、审计、统计等工作的人员也有较好的参考价值。

由于 VBA 的功能非常强大，里面包含的知识浩如烟海，本书在内容的取舍与阐述上难免存在不足，恳请广大读者批评指正。

编者

2014 年 11 月

目录

第 1 章　VBA 概　述

VBA 是 Visual Basic for Application 的缩写，是 Microsoft Office 系列办公软件的内置编程语言，“寄生”在各 Office 应用程序中。它是 Visual Basic（VB）程序设计语言的一个子集，所以具有 VB 的大多数特征。VB 中的语法结构、变量的声明和函数的使用等内容，在 VBA 中同样可以正常使用。

VBA 可以使用其所“寄生”的应用程序的已有功能，从而大大简化这些应用程序的二次开发，提高了应用效率，所以 VBA 不仅应用在微软自己的应用软件中，从 VBA 5.0 起，微软还为其他软件开发商提供了 VBA 许可证，允许他们的应用软件也可集成 VBA，例如 CorelDraw、AutoCAD、ArcGIS、SolidWorks 等软件目前都集成了 VBA。

考虑到本书定位的读者主要是文学、管理、经济类专业的高校学生，将来从事的是办公或相关办公领域的工作，如行政办公重复性事务处理、教学科研数据处理或模拟、企业（公司）业绩数据汇总等，这些都是 Excel 的主要应用领域，同时还考虑到 2010 版是时下最流行的版本，所以本书采用 Microsoft Excel 2010 作为平台介绍 VBA 的相关知识和应用，后文内容涉及开发环境的使用时，均基于此平台，本书将不再做特别说明。

1.1　宏

在使用 VBA 时，经常会提到“宏”（Macro），如在 Excel 的“开发工具”选项卡的“代码”组中就可以找到“宏”命令，如图 1.1 所示。那么，“宏”到底是什么呢？其实，“宏”就是一组 VBA 代码，用于自动执行一组操作。例如，在工作中人们每天都会使用 Excel 进行办公数据的统计，而其中某些统计工作是一些有规律的重复性操作，如何让这些操作自动重复执行呢？“宏”便是一种能很好解决此类问题的手段。

图 1.1　“开发工具”选项卡的“宏”命令

注意：默认情况下，“开发工具”选项卡并不会出现在 Excel 的功能区，需要用“文件”选项卡中的“选项”命令打开“Excel 选项”对话框，并在对话框的“自定义功能区”选项卡中勾选“开发工具”复选框。

1.1.1　录制宏

制作宏的方法有两种：一种是直接编写，另一种是录制。录制宏，是指通过录制的方法把在 Office 中的操作过程以 VBA 代码的方式记录并保存下来，这是最简单的 VBA 编程方法，也是 VBA 最有特色的地方。录制宏的具体步骤如下：

（1）在“开发工具”选项卡的“代码”组中，单击“录制宏”，弹出如图 1.2 所示的“录

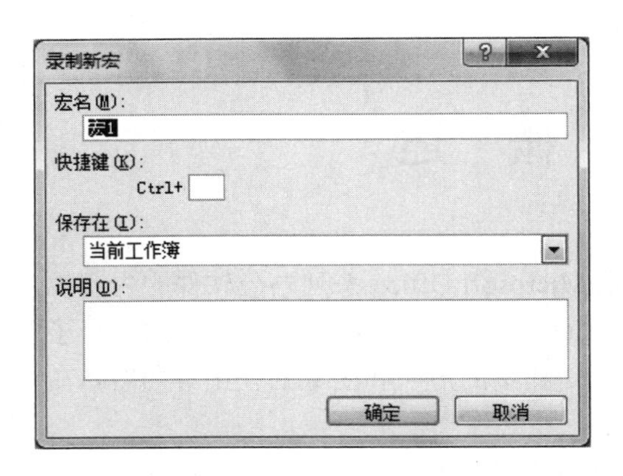

图 1.2 “录制新宏”对话框

制新宏”对话框。

（2）在“宏名”文本框中输入宏的名称。宏名的第一个字符必须是字母，且宏名不能是单元格引用。

（3）若要指定用于运行宏的 Ctrl 组合快捷键，则可以在“快捷键”框中输入要使用的组合键字母。

（4）在“保存在”列表中，选择要用来保存宏的工作簿。如果要在每次使用 Excel 时都能够使用此录制的宏，则保存的类型需选择“个人宏工作簿”，否则此宏只能在其保存的工作簿中使用。

（5）单击“确定”按钮开始录制，然后执行要录制的操作，如设置某个区域的背景色等。

（6）所有要录制的操作执行结束后，在“开发工具”选项卡的“代码”组中单击“停止录制”，也可以单击状态栏左边的■按钮。

1.1.2　运行宏

对于一个录制完的宏，需要一个“载体”去执行它，才能实现之前所记录的操作命令，也就是运行宏。下面介绍几种运行宏的方法。

1. 通过快捷键执行

在 Excel 窗口中可以直接按下“录制宏”时指定的组合键来运行宏，如在录制某个宏时，其指定的组合快捷键为 Ctrl+A，那么在 Excel 的工作窗口可以按 Ctrl+A 组合键来执行此宏。

2. 通过“宏”对话框执行

单击“视图”选项卡“宏”组中的“宏”按钮，或者单击“开发工具”选项卡“代码”组中的“宏”按钮，都会打开如图 1.3 所示的“宏”对话框，双击宏名或选择宏名后单击“执行”按钮就可以运行选定的宏。

3. 通过图形对象执行

Excel 中插入的图片、剪贴画、形状、SmartArt 图形等对象都可以作为执行宏的“载体”对象。具体的操作步骤如下：

（1）在 Excel 工作表中，插入图形对象，如图片、剪贴画、形状或 SmartArt 图形等。

（2）右击插入的图形对象，然后在弹出的快捷菜单中选择“指定宏”命令，如图 1.4 所示，打开“指定宏”对话框。

（3）在“指定宏”对话框中选择宏或在“宏名”框中输入宏的名称，然后单击“确定”按钮。

（4）完成为图形指定宏后，直接单击该图形对象，就可以执行所指定的宏。

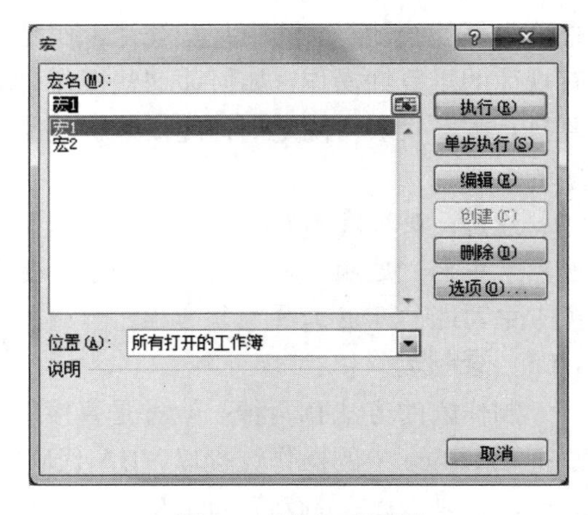

图 1.3 “宏”对话框

事实上，Excel 中的图表、文本框、艺术字和公式等对象也可以作为运行宏的“载体”。

4. 通过表单控件执行

在“开发工具”选项卡“控件”组中有一类称为“表单控件”的对象，也被经常用于指定宏和运行宏，操作过程如下：

（1）在“开发工具”选项卡的“控件”组中单击“插入”，选择“表单控件”中的某个控件，如图 1.5 所示。

图 1.4 形状对象指定宏的方法

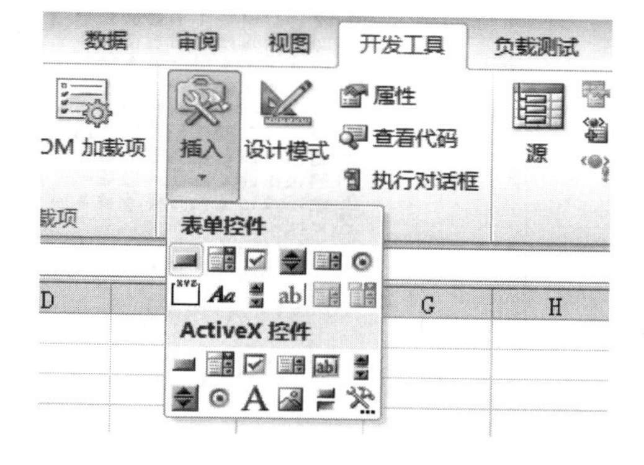

图 1.5 插入“表单控件”

（2）移动鼠标指针到工作表中，此时鼠标的指针呈“+”字状，按住鼠标左键不放，在工作表上拖曳一个矩形状。

（3）松开鼠标按键，此时会弹出“指定宏”对话框，选择宏或在“宏名”框中输入宏的名称，最后单击“确定”按钮。

（4）完成按钮的指定宏操作后，直接单击该按钮，就可以执行所指定的宏。

5. 通过快速访问工具栏上的按钮执行

通过快速访问工具栏上的按钮来运行宏的操作步骤如下：

（1）单击“文件”选项卡，再单击“选项”，打开“Excel 选项”对话框，然后单击“快速访问工具栏”，在“从下列位置选择命令”列表中选择“宏”。

（2）在列表中单击创建的宏，然后单击“添加”。若要更改宏的按钮图像，可以在添加宏的框中选择该宏，然后单击“修改”，在弹出的“修改按钮”对话框的“符号”下选择要使用的按钮图像，同时可以在“显示名称”文本框中输入一个名字，此名字在鼠标指针停留于按钮上时会显示在屏幕上，如图 1.6 所示。

（3）单击“确定”按钮，宏按钮就会被添加到快速访问工具栏。

（4）在快速访问工具栏中单击刚才添加的宏按钮，就可以执行所指定的宏。

6. 通过功能区上自定义组中的按钮执行

Excel 2010 的功能区具有高度的可自定义性，因此也可以将宏按钮添加到功能区中，不过前提是须在功能区的选项卡中创建一个自定义组，或者自己先创建一个选项卡并在该选项卡中添加一个组，然后再向该组中的按钮分配宏。例如，可以向“开发工具”选项卡添加一个名为“我的宏”的自定义组，然后将宏（显示为按钮）添加到该新组。具体的操作过程与把宏按钮添加到快速访问工具栏的方法类似，具体如下：

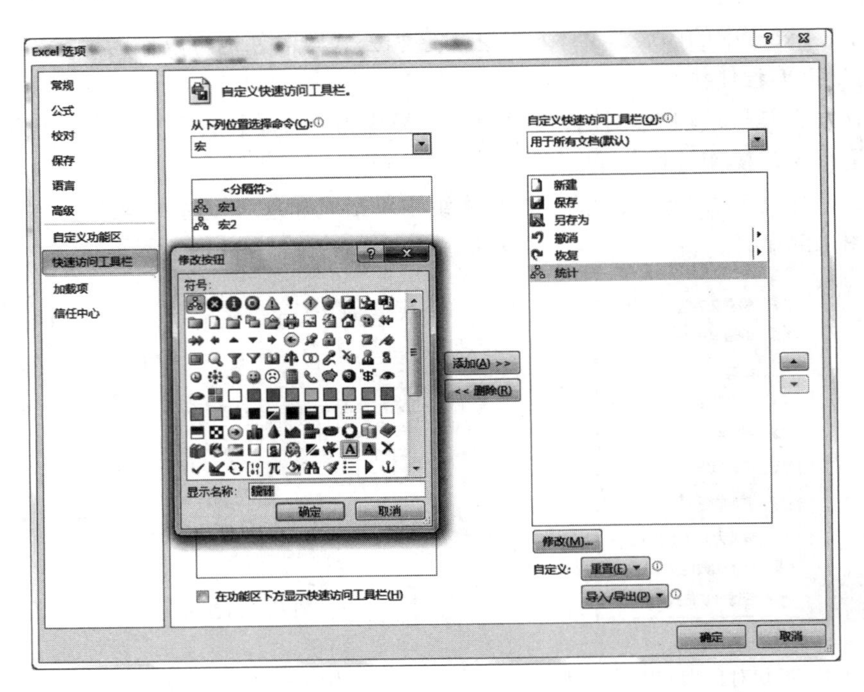

图 1.6　将宏按钮添加到快速访问工具栏

（1）单击“文件”选项卡，再单击“选项”，打开“Excel 选项”对话框，然后单击“自定义功能区”。

（2）如果要将宏命令放在现有的选项卡中，则先选好选项卡，然后单击“新建组”按钮；如果要将宏命令放在一个自定义的选项卡中，则单击“新建选项卡”按钮，如图 1.7 所示。新建选项卡时，Excel 会在该选项卡中自动创建一个组。如果有需要，可以分别对创建好的选项卡和组进行重命名。

（3）在“从下列位置选择命令”列表中选择“宏”，在宏列表中选中所要的宏，然后单击“添加”按钮，则选中的宏就会以按钮的形式出现在选定的选项卡的组中。

（4）若要更改宏的按钮图像，可以在“主选项卡”框中选中该宏，然后单击“修改”，在弹出的“修改按钮”对话框的“符号”下选择要使用的按钮图像，同时可以在“显示名称”文本框中输入一个名字，单击“确定”按钮返回。

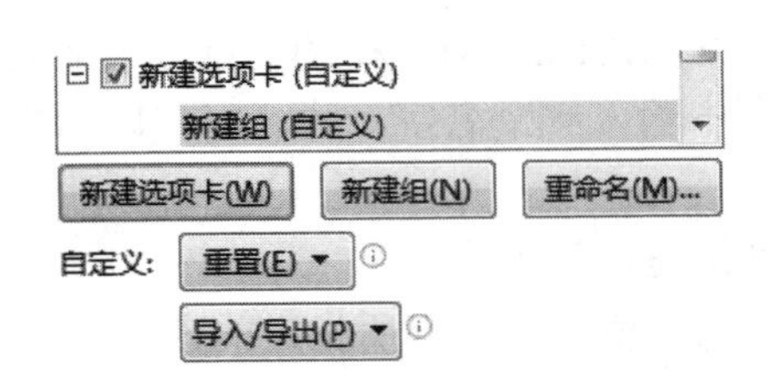

图 1.7　自定义功能区的“新建选项卡”按钮

（5）在功能区中，选择刚才新建的选项卡，找到相应的组并单击刚才添加的宏按钮，就可以执行所指定的宏。

1.2　VBA 的开发环境

VBA 的开发环境也称为 VBE（Visual Basic Editor），是编写 VBA 代码的工具。VBE

不能单独打开，必须依附于它所支持的应用程序，可以通过单击“开发工具”选项卡“代码”组中的 Visual Basic 按钮或者直接按下 Alt+F11 组合键来打开 VBE，如图 1.8 所示。

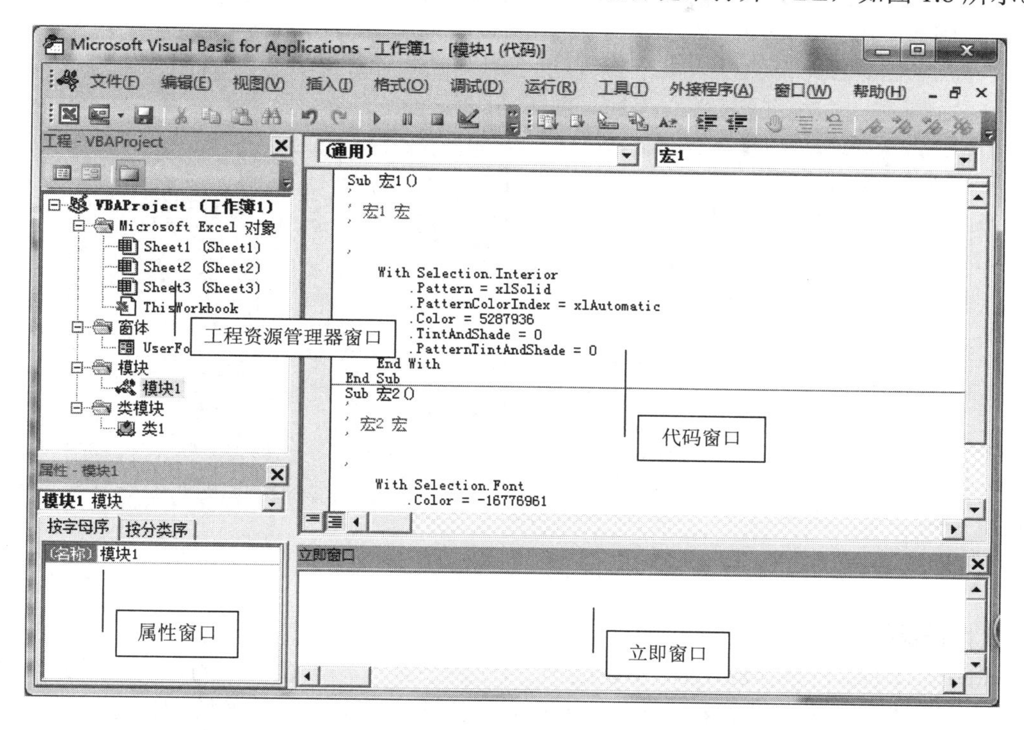

图 1.8　Excel VBE 窗口

1.2.1　工程资源管理器窗口

工程资源管理器窗口中列出了所有打开的 Excel 文件及其加载宏，对于每一个 Excel 文件，其对应的 VBA 工程都有 4 类对象：Microsoft Excel 对象、窗体、模块和类模块，Microsoft Excel 对象由该工作簿所包含的工作表对象和用 ThisWorkbook 标识的工作簿对象本身组成，窗体代表自定义的用户界面，模块为自定义代码的载体，类模块则是以类或对象的方式编写代码的载体。

由于模块是自定义代码的载体，在实际应用时它是与用户交互最频繁的对象之一。默认情况下，工作簿中是没有任何 VBA 模块的，在用户进行录制宏操作时，系统会自动添加一个模块，并将产生的 VBA 代码保存在此模块中。由于录制的宏没有判断或循环能力，还存在人机交互能力差等缺点，因此实际的 VBA 应用开发中以自定义代码的情形居多，此时用户需要手动添加模块，具体操作方法如下：在工程资源管理器窗口中选择相应的工程，然后单击鼠标右键，在弹出的快捷菜单中选择“插入”下的“模块”命令，如图 1.9 所示。也可以从菜单栏上执行“插入”菜单下的“模块”命令来插入一个模块。

1.2.2　属性窗口

属性窗口主要用于对象属性的交互式设计和定义，例如选中图 1.8 中工程资源管理器窗口的“模块 1”，在属性窗口就可以更改此模块的名称，再比如在设计一个用户窗体时，属性窗口就可以很好地用于定义窗体的外观界面。

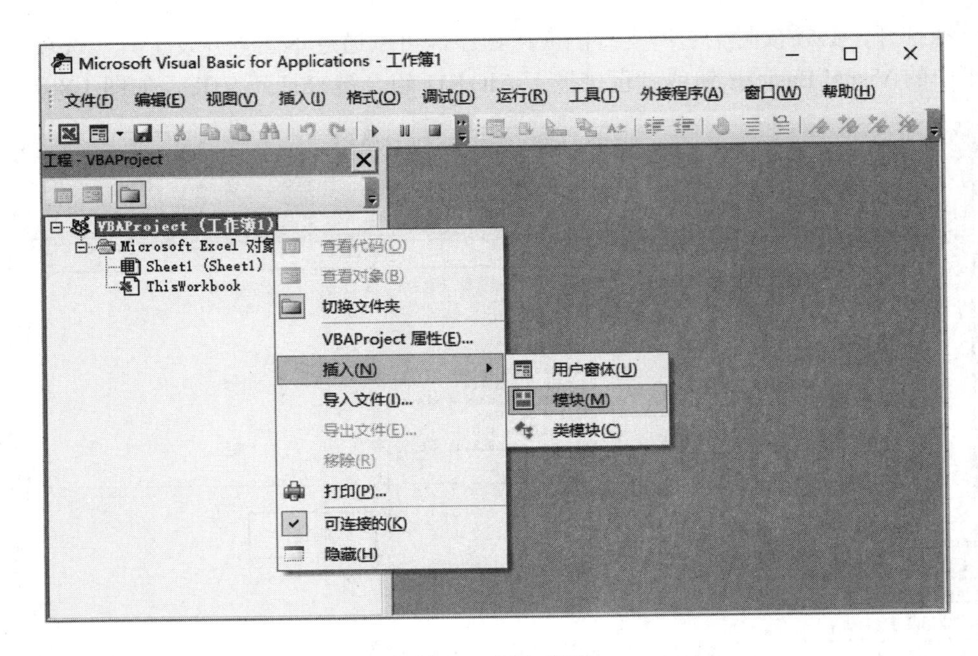

图 1.9　添加模块

1.2.3　代码窗口

代码窗口是编辑和存放 VBA 代码的地方，工程资源管理器窗口中的每一个对象都对应有一个代码窗口，可以通过在对象上双击在右键快捷菜单或工程资源管理器工具栏上选择“查看代码”打开代码窗口。代码窗口由对象列表框、过程列表框和边界标识条等部分组成，如图 1.10 所示。

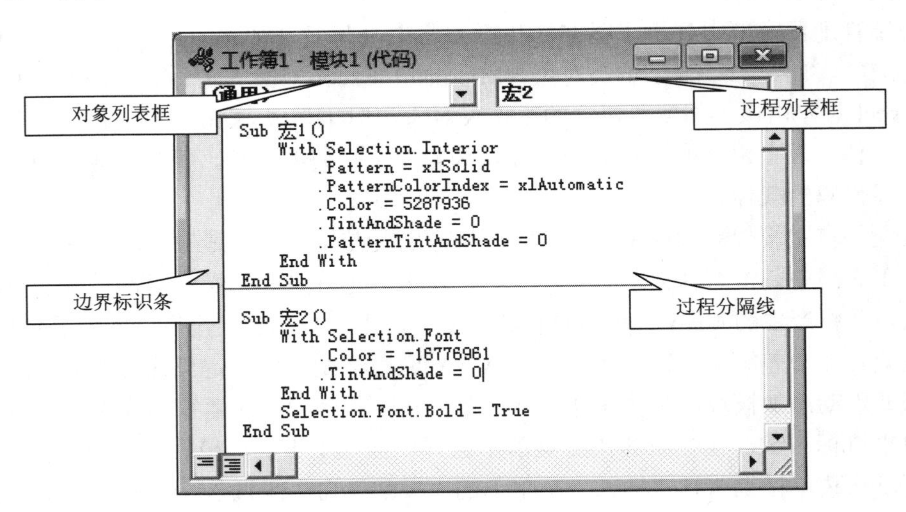

图 1.10　代码窗口的结构

1. 对象列表框

对象列表框存放了对应的所有对象。例如，在窗体代码窗口中，因为窗体中可能有标签、文本框和命令按钮等控件，所以这些对象和窗体都会出现在对象列表框中。不过在模块的代码窗口中，由于模块没有对象，因此它的对象列表框中只显示为“通用”。

2. 过程列表框

过程列表框中显示的是对应于对象列表框中的对象而发生的过程。例如，对于一个拥有命令按钮 CommandButton1 的用户窗体而言，若在此窗体的代码窗口的对象列表框中选择了 CommandButton1，那么在过程列表框中就会列出与此按钮有关的过程，如图 1.11 所示。

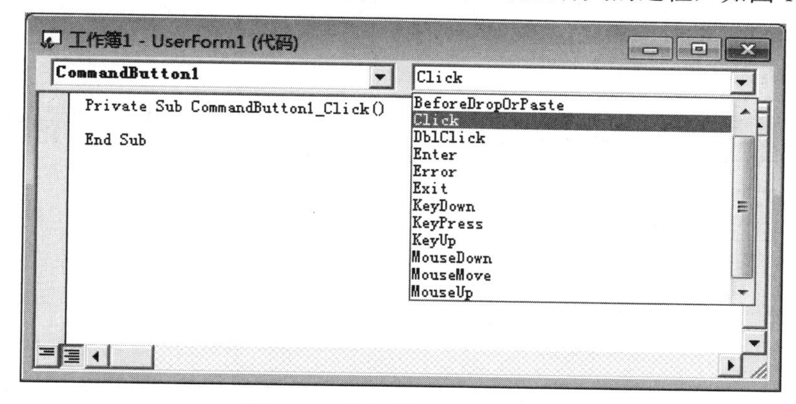

图 1.11 命令按钮的过程列表

3. 过程分隔线

当在一个代码窗口内出现了两个或两个以上的过程时，代码窗口会在过程的程序代码之间自动添加分隔线，以区分不同的过程。

4. 边界标识条

对于编写完成的代码，经常需要进行测试。当运行中断时，在该行代码前的边界标识条中会出现相应的标识符。另外，通过单击代码前面的边界标识条，可以设置代码的断点，使得程序运行时可在此处中断，方便调试。

代码窗口还有许多人性化的特征，方便编写代码，具体如下：

（1）运算符前后自动添加空格。例如，输入语句“x=x+1”，按 Enter 键后语句自动变为“x = x + 1”。

（2）自动调整大小写。VBA 代码对大小写不敏感，例如，变量 x 在声明时采用的是小写形式，而在使用时输成了大写形式的 X，VBE 会自动把它变成小写形式。另外，对于 VBA 的关键词、对象的属性和方法，VBE 也会对它们进行大小写调整，例如，输入语句“APPLICATION.QUIT”，按 Enter 键后语句会自动变为“Application.Quit”。

（3）自动显示成员列表。编写代码时，要记住每个 VBA 对象的方法和属性是比较困难的，好在 VBE 提供了自动显示成员列表的方法。例如，在图 1.12 所示的代码窗口中，在“ThisWorkbook”的后面输入一个“.”，

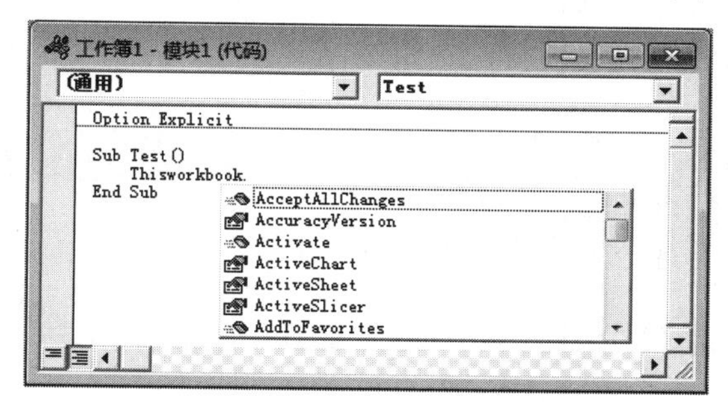

图 1.12 自动列出成员对象

VBE 会自动列出工作簿对象的所有属性和方法。

（4）自动显示参数信息。绝大多数的函数都是带有参数的，在编写代码时，VBA 具有自动显示函数参数信息的功能，如图 1.13 所示，输入函数“Int”再输入左括号“(”后，VBA 会自动提示此函数的相关参数信息。

（5）方便添加代码注释。为了提高代码的可读性，通常需要为代码添加注释，如果要在 VBA 中加入注释，则可以在注释语句的前面加“'”（单撇）或“Rem”（Rem 后面有一个空格），确认后此语句的字体颜色会变成绿色，如图 1.14 所示。注释语句不影响程序的运行，但大大提高了程序的可读性。

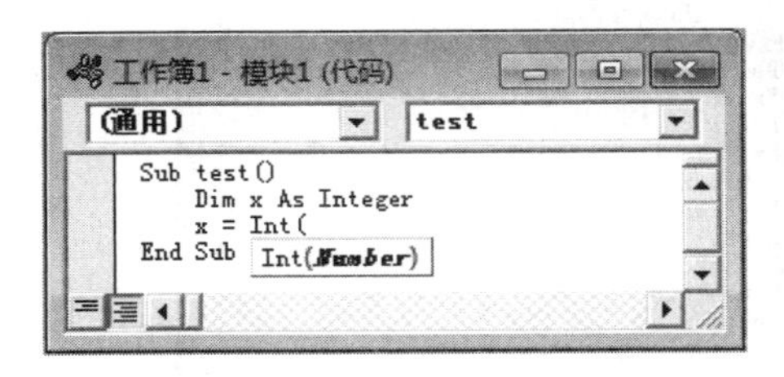

图 1.13　自动显示参数信息

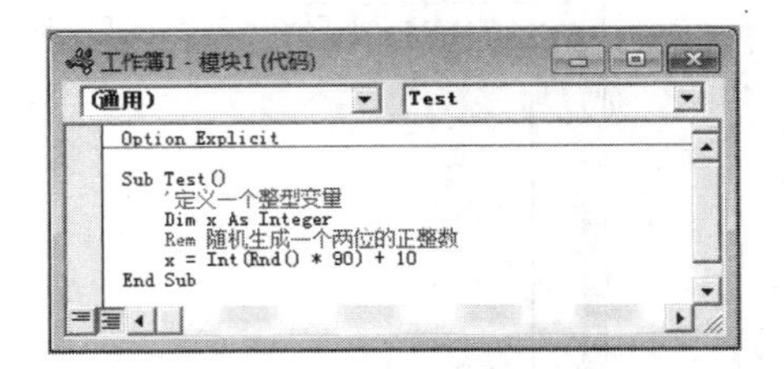

图 1.14　为代码添加注释

（6）支持长代码语句换行。在编写代码时，有时会遇到所写的代码语句较长的情况，甚至超出了显示屏的显示宽度，此时可以将语句写成多行的形式，具体的方式是在需要换行的地方输入一个空格键和一个半角英文输入法状态下的下划线并按 Enter 键，如图 1.15 所示。

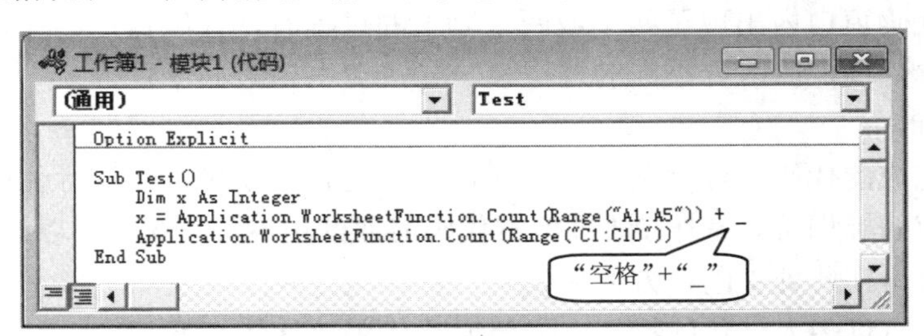

图 1.15　长代码语句换行

1.2.4　立即窗口

“立即窗口”主要用于测试代码的运行。默认情况下，“立即窗口”是不在 VBE 中的，可以通过“视图”→“立即窗口”命令、<Ctrl>+<G>组合键或“调试”工具栏的“立即窗口”按钮打开“立即窗口”。

图 1.16　在“立即窗口”中测试语句运行结果

在“立即窗口”中输入一条代码语句并按下 Enter 键，VBA 会立刻执行此语句命令，如果要查看某语句的运行结果，可在此语句前加上一个问号“？”或者添加语句“Print”，命令执行后，VBA 会在此命令的下一行显示运行结果。例如，图 1.16 中“立即窗口”内的两条语句都表示用于测试当前工作簿包含的工作表数目。

在程序代码中，若需要把程序的运行结果输出到“立即窗口”，则可以使用 Debug.Print 方法来实现。例如，下面的示例代表将 A1 单元格中的内容输出到立即窗口。

```
Debug.Print Range("A1").Value
```

1.2.5 菜单栏和工具栏

与大多数软件相似，VBE 窗口也集成了菜单栏和工具栏，菜单栏提供了使用 VBE 各种功能的入口，而工具栏集中了一些常用功能。对于代码窗口中编写好的 VBA 代码，使用最频繁的是“运行”菜单命令或“标准”工具栏中的 这一组按钮，其中 用于启动程序的运行（也可直接按 F5 功能键），而 用于结束程序的运行。

1.3 VBA 程序的组成

使用 VBA 的目的是能够自动完成指定的任务，通常情况下，一个任务总是可以拆分成若干更小的子任务。因此，在编写 VBA 代码时，人们经常把任务先拆分成若干更小的子任务，然后为各子任务编写独立的代码集，最后由这些代码集组成完整的程序功能。这种独立的代码集称为过程，而根据过程有无对应的执行对象，又分为通用过程和事件过程。

1.3.1 通用过程

通用过程简单地说就是一段用于完成特定功能的代码集，以一个名字来标识，并用该名字来调用。它与事件过程的主要区别是它没有明确的服务对象，但可以被其他程序过程调用。通用过程根据是否有返回值又分为 Sub 子过程和 Function 函数过程，关于通用过程的详细内容将在第 4 章中介绍，图 1.17 所示的代码由两个通用过程组成，一个是名称为 Section 的 Function 过程，另一个是名称为 BandScore 的 Sub 过程。

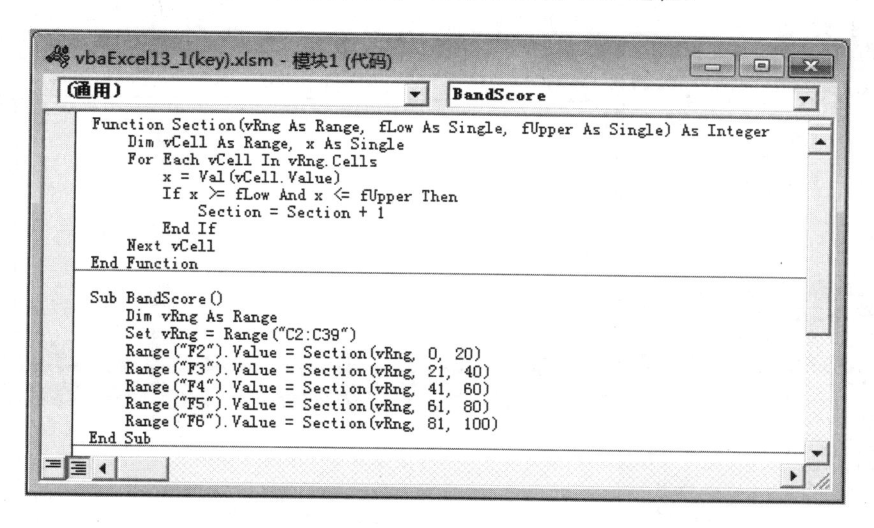

图 1.17　VBA 程序中的通用过程

注意：宏，其实是一个通用过程，并且是无返回值的 Sub 子过程，只不过它是在执行录制宏操作时由系统自动创建的。

1.3.2　事件过程

除了被其他过程调用外，一般情况下，通用过程都需要手动执行。但在许多情况下，人们会希望所编写的程序能够随某个事件的发生而自动执行，例如，在激活一个工作表时能自动在活动工作表的某个区域内产生一组随机数，或者在选取某个单元格时能自动将当前活动单元格置于工作表窗口的左上角等，这种当某一特定事件发生时才执行的程序称为事件过程。使用事件过程的好处是极大地增强了用户与程序的交互性。

事件过程是服务于指定对象的，所以它有两个重要的要素：对象和执行于该对象的过程，执行于该对象的过程也即发生在该对象上的事件，如上面提到的激活工作表的动作或选择某个单元格的动作等。事件过程的具体程序结构如下：

```
[ Private ] Sub 对象名称_事件名称( [ 参数列表 ] )
    程序代码
End Sub
```

“对象名称_事件名称”是事件过程的完整名称，这种命名规则是系统预定义的，不像通用过程的名称用户可以随意定义。因此，在写程序时，如果要编写某对象的事件过程，应先选择此对象并打开此对象的代码窗口，然后在代码窗口的“对象”列表框中选择该对象并在“过程”列表框中选择相应的事件。例如，为一名称为“工作簿 1”的工作簿添加一个新建工作表的事件过程的步骤如下：

（1）打开 VBE 窗口，在工程资源管理器窗口中选择“工作簿 1”工程的 ThisWorkbook 对象，双击此对象打开工作簿对象的代码窗口，如图 1.18 所示。

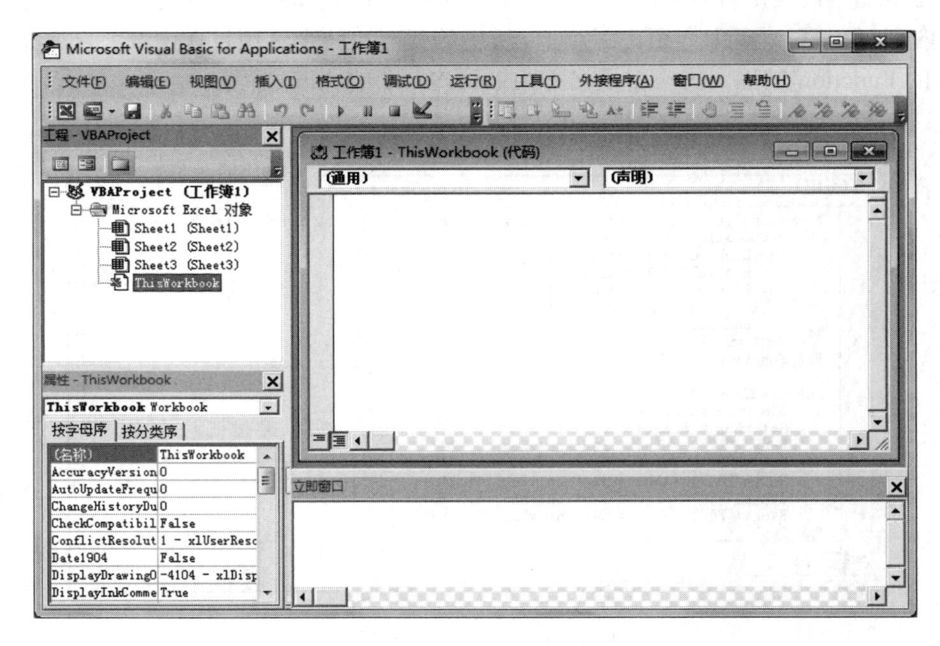

图 1.18　打开工作簿对象的代码窗口

（2）在代码窗口的“对象”列表框中选择 Workbook，如图 1.19 所示。此时，系统会为此对象选择默认的过程，并在代码窗口自动生成对应事件过程的开头和结尾。

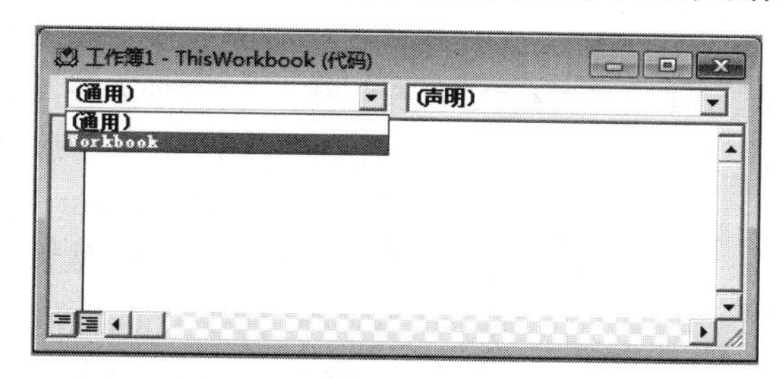

图 1.19　在代码窗口的“对象”列表框中选择对象

（3）在代码窗口的“过程”列表框中选择 NewSheet 事件，如图 1.20 所示。此时，系统会将此对象的相应事件过程的开头和结尾添加在代码窗口，如图 1.21 所示。

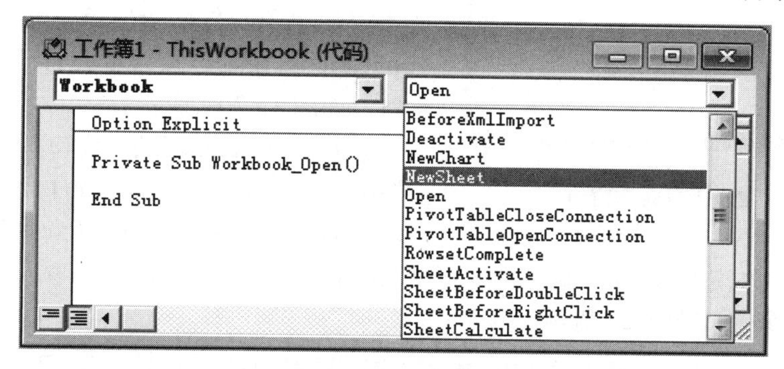

图 1.20　在代码窗口的“过程”列表框中选择相应的事件

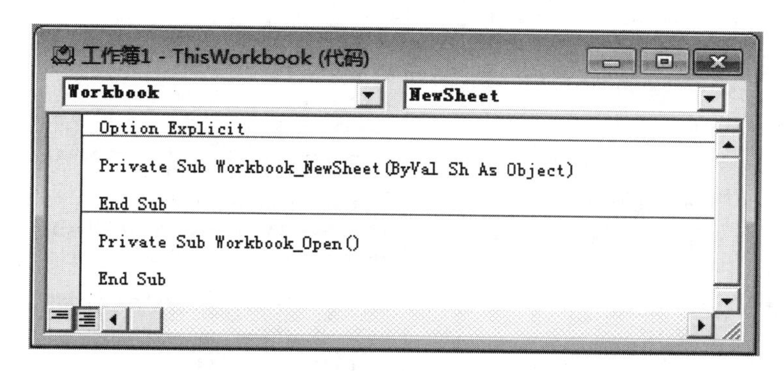

图 1.21　代码窗口最终生成的事件过程的开头和结尾

1.3.3　对象、属性和方法

编写 VBA 代码的目的是以自动化的方式代替手工的方式去完成 Office 应用程序中许多对象的操作，这其实是一种面向对象的机制。因此，对象也是 VBA 代码的重要组成部分，而属性和方法是对象的基本要素，所以本小节重点介绍对象、属性和方法的一些概念。

1. 对象

对象（Object）是代码和数据的集合。可以把对象想象成日常生活中的各种事物，如衣服、书本、班级等，而一个班级由若干男同学和女同学组成，一个个同学又都是对象，因此一个对象又可以由多个子对象组成，这种对象可以称为一个对象容器。

在 VBA 中，对象是指 VBA 可以访问的实体，如 Word 文档 Document 对象、工作表 Worksheet 对象、幻灯片 Slide 对象等。如果要查看 Office 各组件的 VBA 对象，可以在该组件的 VBE 窗口的“标准”工具栏中单击按钮实现。例如，要查看完整的 Excel VBA 对象模型，可以按下列步骤实现：

（1）打开 Excel 的 VBE 窗口，在“标准”工具栏中单击“Microsoft Visual Basic for Applications 帮助”按钮，打开“Excel 帮助”窗口，如图 1.22 所示。

（2）在“Excel 帮助”窗口单击“显示目录”按钮，在“Excel 帮助”窗口的左侧会显示帮助内容的目录，依次选择“Excel 2010 开发人员参考”“Excel 对象模型参考”，此时目录窗格中会在“Excel 对象模型参考”下方列出 Excel VBA 中的各对象，如图 1.23 所示。

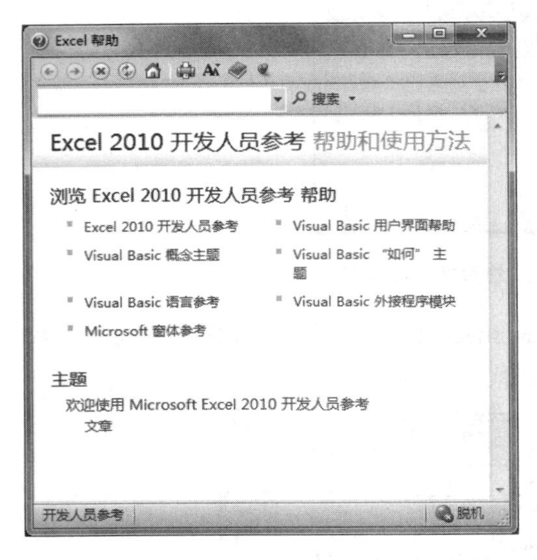

图 1.22　“Excel 帮助”窗口

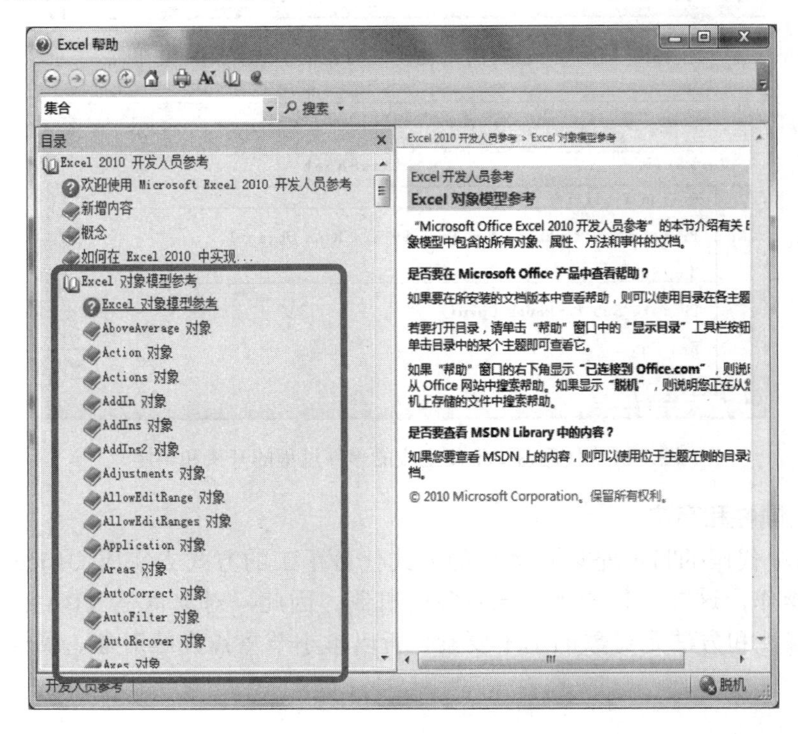

图 1.23　Excel VBA 的对象模型

在 VBA 的对象模型中，有一种特殊的对象叫做“集合”，这类对象通常以单词复数的形式命名，如 Workbooks、Worksheets 等。集合其实是指一组相关的对象，例如一个城市街区是高楼建筑物对象的集合，一个高楼建筑物是楼层对象的集合，一个楼层又是房间对象的集合。所以，对象从属于集合，而集合本身也是一个对象，只是它包含了其他紧密相关的对象。

注意：应该清晰区分复数形式的 Worksheets 对象（是一个集合）和单数形式的 Worksheet 对象，它们是完全不同的对象。如果要引用集合中的成员，可以通过此成员在集合中的位置来引用，索引值以 1 开始，或者通过此成员的名字并加上双引号来引用。例如，活动工作簿有 3 个工作表，按顺序分别名为 North、East、South，则可以通过下面的任一种方式来引用第 2 个工作表：

```
Worksheets(2)
Worksheets("East")
```

2. 属性

属性是指对象的各种性质，对象中的数据就保存在属性中，如对象的颜色、大小、个数等。每一种对象都有其属性，属性值决定了对象的外观和行为。在程序中设置对象属性的代码格式如下：

```
对象名.属性名 = 属性值
```

对象名和属性名中间用“.”隔开，以表示从属关系。例如，下面的代码表示把活动单元格的列宽设置为 20 标准字符宽度：

```
ActiveCell.ColumnWidth = 20
```

3. 方法

除了属性之外，对象还有方法，属性是指对象的特性，而方法是指对象可以执行的动作。从语言学的角度，可以将对象想象成名词，属性当作形容词，而方法就是动词。方法经常会改变对象的属性，例如，“我”是一个对象，“节食”是我的一个方法，“体重”是我的一个属性，那么我进行节食时就会减轻我的体重。在程序中让对象执行方法的代码格式如下：

```
对象名.方法名 [ 参数列表 ]
```

例如，下面的代码表示将当前活动单元格中的内容清空：

```
ActiveCell.ClearContents
```

而下面的代码则表示将活动单元格的内容复制到活动工作表的 G4 单元格。

```
ActiveCell.Copy Range("G4")
```

注意：对象所包含的要素除了“属性”和“方法”外，还有一个“事件”，它们并称为对象三要素。事件是指那些对象能够响应的过程，如单元格的单击、工作簿的打开、工作表的激活、选中数据区域的改变等，关于如何使用事件的内容已经在 1.3.2 节中介绍，这里不再重述。

在 VBA 程序中，除了上述介绍的相关组成外，其实还包含像常量、变量、运算符、控制结构语句等之类的内容，这些内容将在后续各章节中进行介绍。

1.4 如何学好 VBA

对多数人而言，一项工作如果能使用计算机来自动完成，他就不会采用手工的方法去实现。我们在学会使用 VBA 以后，工作效率就可以得到空前的提高，例如在使用 Excel 时，可以用 VBA 来编写函数从而代替复杂的公式，可以通过 VBA 自动完成数据的核对和查询，可以编写自己的进销存系统来代替手工记账，可以让手工制作需要若干时日的报表汇总在单击按钮的瞬间完成……这就是 VBA 的魅力。

那么如何才能学好 VBA 呢？关于这个问题，有如下几点建议可供参考。

（1）保持良好的心态，扎扎实实，勤于实践。一开始学习 VBA，觉得 VBA 还挺好“玩”的，也挺“简单”，但 VBA 对人的逻辑思维能力还是具有一定挑战性的，也非常能锻炼人的抽象思维和逻辑思维能力，所以，几次课之后，不少人就会觉得 VBA 还挺“难”的，也不是那么好“玩”。此时，拥有良好的心态非常重要，学习任何一项新知识都有一个“入门”的过程，这个过程通常需要一定的时间。因此要做好“持久战”的心理准备，扎扎实实，一步一个脚印，迈过那道门槛，一旦入门了，眼前必定是一番美景。

要想顺利地入门，就要在入门前的这个阶段经常动手编写程序，亲自动手进行程序设计是创造性思维应用的体现，是培养逻辑思维的好方法。因此，一定要勤于实践，每学完一个新的内容就可以尝试编写一些应用，而且要从小应用开始，长此以往，即可逐渐提高程序开发的能力。记住，程序设计一定是自己写会的，而不是看会的。

（2）基础很重要，理解清楚 Office 的基本功能，掌握 VBA 中的一些重要概念。任何一个复杂的东西都是由简单基本的东西组成的，VBA 也不例外，因此，必须夯实基础。学习 VBA 之前，必须了解 Office 的基本命令、操作和功能，只有了解清楚了 Office 的这些基本功能，才能更好地为自己的 VBA 开发服务，便于在开发中选出更好的方案步骤和解决路径。

对于具体的 VBA 开发，在设计的过程中，所使用到的代码元素无非就是变量、函数、条件语句、循环语句、VBA 对象等，但要真正能够灵活地运用这些元素，随心所欲地进行应用开发，还得深入理解这些概念。因此，在入门阶段还是应该重视概念的学习，熟记 VBA 的相关语法规则等。

（3）多阅读和借鉴别人的程序，并经常在优秀的网上论坛交流。多阅读教材上的案例程序及他人设计的应用程序代码，在读懂他人的程序代码后，多思考他们的程序为什么这么设计？能不能将程序修改一下以完成更多的功能或使应用程序更加合理？长此以往，可以学到许多他人的优秀理念、思想和方法，帮助自己提高开发应用程序的能力。

在学习过程中还有很重要的一点，就是要经常进行交流。现在，网络给我们提供了一个很好的交流平台，在网络上有一些很好的 VBA 开发论坛，可以到这些论坛上交流自己的学习成果，学习他人好的做法和经验。同时，对别人提出的问题进行思考和解答，也很有利于自己水平的提高，一方面帮助人家解决了问题，另一方面也学习他们解决问题的方法，从中获得启示和灵感。

（4）注意学习的方法和技巧，有意识地养成良好的 VBA 编程习惯。程序设计的思想是在入门的过程中形成的，而良好的编程习惯也是在这个阶段养成的，所以在学习的过程中，一定要有意识地培养自己良好的编程习惯。例如，按照规范缩格书写程序，使程序层次分明；适当添加注释语句，增强代码的可读性；善于利用断点，学会调试程序的方法；对程序运行结果做正确与否的分析等。

在学习的过程中，如果遇到了问题，并且在书上查找这些问题的解决方法比较困难的话，VBA 提供的帮助是一个非常好的选择，这里提供了大量最具价值的参考资料。当然，对于发现的问题，应该尽量自己思考解决，并对知识点进行系统归纳和总结，一方面便于将来查找和应用，另一方面也便于记忆。

习 题 1

1. 判断题

（1）“宏”是指一组 VBA 代码，用于自动执行一组操作。 （　　）

（2）宏只能通过 Office 自带的录制功能生成，不可直接编写。 （　　）

（3）在 Excel 中插入的图片、剪贴画、形状、SmartArt 图形对象都可以作为执行宏的“载体”对象。 （　　）

（4）可以在“快速访问工具栏”上添加一个按钮，并将宏指派给它以此来运行宏。但是，没有办法将宏指派给功能区中的自定义按钮。 （　　）

（5）VBA 的开发环境也称为 VBE（Visual Basic Editor），是编写 VBA 代码的工具。 （　　）

（6）尽管 VBE 依附于 Office 的应用程序，但它还是能在不打开 Office 应用程序的情况下单独打开的。 （　　）

（7）属性窗口主要用于对象属性的交互式设计和定义。 （　　）

（8）代码窗口是编辑和存放 VBA 代码的地方，工程资源管理器窗口中的所有对象都共享同一个代码窗口。 （　　）

（9）立即窗口主要用于测试代码的运行。默认情况下，立即窗口并未显示在 VBE 中。 （　　）

（10）根据过程有无对应的执行对象，可以将过程分为 Sub 子过程和 Function 函数过程。 （　　）

（11）通用过程简单地说就是一段用于完成特定功能的代码集，以一个名字来标识，并用该名字来调用。 （　　）

（12）“宏”其实是一个通用过程，并且是无返回值的 Sub 子过程。 （　　）

（13）事件过程的名称同通用过程的名称一样，用户可以随意自定义。 （　　）

（14）集合本身也是一个对象，如果要引用集合中的成员，可以通过此成员在集合中的位置来引用，索引值以 0 开始。 （　　）

（15）“方法”是指对象可以执行的动作，执行对象的“方法”经常会改变对象的“属性”。（　）

2. 选择题

（1）下面关于 VBA 的描述中，错误的是________。

A．VBA 是 Microsoft Office 系列办公软件的内置编程语言

B．VBA 是 VB 程序设计语言的一个子集，具有 VB 的大多数特征

C．VBA 不可以使用其所“寄生”的应用程序的已有功能

D．许多非微软公司的第三方应用软件也集成了 VBA

（2）对于已经录制好的宏，不能通过________来运行。

A．表单控件　　B．ActiveX 控件

C．剪贴画　　D．SmartArt 图形

（3）在程序代码中，将程序运行结果输出到立即窗口的方法是________。

A．Print　　B．Debug.Print

C．?　　D．Debug.Printf

（4）通用过程与事件过程的最主要区别是________。

A．事件过程没有返回值，而通用过程可以有返回值

B．通用过程的名字可以随意自定义，而事件过程不能

C．通用过程分为 Sub 过程和 Function 过程两种，而事件过程只有 Sub 过程一种

D．事件过程有明确的服务对象，而通过过程没有

（5）下面________不是事件过程的名称。

A．Workbook_Open　　B．Workbook_Activate

C．Worksheet_Activate　　D．Worksheet_Open

（6）下面________不属于对象的要素。

A．函数　　B．属性

C．方法　　D．事件

（7）下列关于“集合”的叙述中，错误的是________。

A．在 VBA 中，集合通常以单词复数的形式命名

B．集合是指一组相关的对象，从属于对象

C．可以通过成员在集合中的位置来引用集合中的某个成员，也可以通过此成员的名字并加上双引号来引用

D．集合中第一个成员的位置索引值是 1

3. 操作题

（1）新建一个工作簿，在 Sheet1 工作表的 A1:A5 区域中填入文本 VBA。为 A1:A5 区域设置字体格式：黑体、16 磅、红色，填充色：黄色，将上述格式设置过程录制成宏并将宏名保存为 MyFirst。

（2）将（1）中的宏 MyFirst 复制一份，重命名为 MySecond，编辑此宏，去掉多余未用到的语句，然后将其中的字体名称设置改为“隶书”，并增加“加粗”字形，然后在 Sheet1 工作表中添加一个表单控件中的按钮并为其指定宏 MySecond。

（3）录制自动排序的宏。首先，新建“人事档案”报表并输入以下内容，如图 1.24 所示。选择“开发工具”选项卡，在“代码”组中单击“录制宏”按钮，在弹出的“录制新宏”对话框的“宏名”文本框中输入“数据排序”，并自定义一个快捷键，单击“确定”按钮。

	A	B	C	D	E	F	G	H	I	J
1	No.	部门	姓名	性别	出生日期	婚否	职务	学历	工龄	工资
2	1	4室	王国达	男	1979/2/5	已	干部	本科	5	1920.00
3	2	2室	马力达	男	1975/10/10	已	主任	研究生	7	3120.00
4	3	4室	付齐元	男	1977/2/27	已	干部	本科	7	2280.00
5	4	4室	胡丽莉	女	1975/12/19	已	工人	中专	8	1950.00
6	5	5室	王国节	女	1976/1/2	否	干部	本科	8	2310.00
7	6	4室	赵定法	男	1975/2/28	已	干部	本科	9	2340.00
8	7	4室	王达齐	男	1973/8/24	已	干部	本科	11	2400.00
9	8	3室	胡思国	女	1971/11/3	已	工人	中专	12	1920.00
10	9	3室	李亚凤	女	1972/1/7	否	干部	本科	12	2430.00
11	10	5室	付达定	男	1970/2/19	已	主任	本科	14	3090.00
12	11	3室	胡同国	男	1970/7/4	已	工人	中专	14	1950.00
13	12	2室	武田	男	1970/8/3	已	工人	高中	14	1860.00
14	13	3室	武日夫	男	1969/6/10	已	工人	高中	15	1890.00
15	14	2室	胡力莲	女	1968/6/21	已	工人	高中	16	1920.00
16	15	4室	武力夫	男	1967/7/8	已	工人	高中	17	1950.00
17	16	1室	朱事齐	女	1966/10/29	已	工程师	本科	18	2760.00
18	17	3室	张亚达	男	1962/9/2	否	干部	本科	22	2730.00
19	18	5室	李单达	男	1958/10/7	已	工程师	本科	26	3000.00
20	19	1室	王达事	男	1955/10/12	已	副主任	本科	29	3240.00
21	20	1室	朱笑红	女	1953/10/29	已	工程师	本科	31	3150.00

图 1.24 “自动排序”人事档案表

然后，选择 A1:J21 数据区域，在功能区选择“数据”选项卡，并单击“排序和筛选”组中的“排序”按钮，在弹出的“排序”对话框中进行设置，如图 1.25 所示。

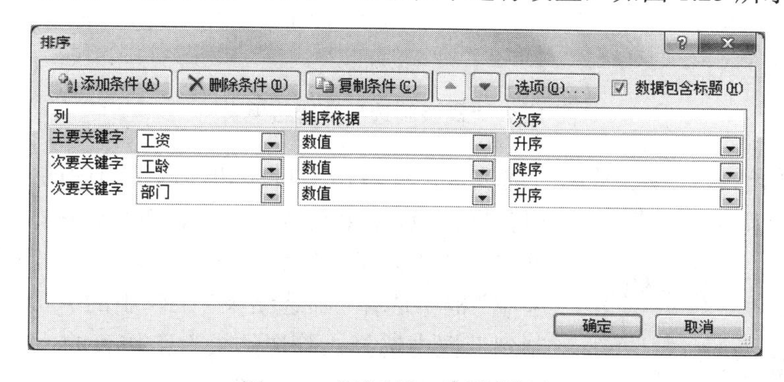

图 1.25 “排序”对话框设置

最后，单击“开发工具”选项卡“代码”组的“停止录制”按钮，完成数据排序宏的录制，日后要对“人事档案”报表进行排序，只要运行此宏即可。

对于上述录制好的宏，请尝试通过快捷键、“宏”对话框、自定义的图形控件、表单控件、快速访问工具栏、自定义功能区等各种方式运行。

（4）录制自动完成高级筛选的宏。首先，新建如图 1.26 所示的“人事档案”报表和如图 1.27 所示的“筛选结果”工作表。激活“筛选结果”工作表，选择“开发工具”选项卡，在“代码”组中单击“录制宏”按钮，在弹出的“录制新宏”对话框的“宏名”文本框中输入“数据筛选”并自定义一个快捷键，单击“确定”按钮。

No.	部门	姓名	性别	出生日期	婚否	职务	学历	工龄	工资
1	4室	王国达	男	1979/2/5	已	干部	本科	5	1920.00
2	2室	马力达	男	1975/10/10	已	主任	研究生	7	3120.00
3	4室	付齐元	男	1977/2/27	已	干部	本科	7	2280.00
4	4室	胡丽莉	女	1975/12/19	已	工人	中专	8	1950.00
5	5室	王国节	女	1976/1/2	否	干部	本科	8	2310.00
6	4室	赵定法	男	1975/2/28	已	干部	本科	9	2340.00
7	4室	王达齐	男	1973/8/24	已	干部	本科	11	2400.00
8	3室	胡思国	女	1971/11/3	已	工人	中专	12	1920.00
9	3室	李亚凤	女	1972/1/7	否	干部	本科	12	2430.00
10	5室	付达定	男	1970/2/19	已	主任	本科	14	3090.00
11	3室	胡同国	男	1970/7/4	已	工人	中专	14	1950.00
12	2室	武田	男	1970/8/3	已	工人	高中	14	1860.00
13	3室	武日夫	男	1969/6/10	已	工人	高中	15	1890.00
14	2室	胡力莲	女	1968/6/21	已	工人	高中	16	1920.00
15	4室	武力夫	男	1967/7/8	已	工人	高中	17	1950.00
16	1室	朱事齐	女	1966/10/29	已	工程师	本科	18	2760.00
17	3室	张亚达	男	1962/9/2	否	干部	本科	22	2730.00
18	5室	李单达	男	1958/10/7	已	工程师	本科	26	3000.00
19	1室	王达事	男	1955/10/12	已	副主任	本科	29	3240.00
20	1室	朱笑红	女	1953/10/29	已	工程师	本科	31	3150.00

人事档案 筛选结果 Sheet3

图 1.26 “高级筛选”人事档案报表

	A	B	C	D	E	F	G	H	I	J
1	部门	性别	婚否							
2		女								
3										
4										
5	No.	部门	姓名	性别	出生日期	婚否	职务	学历	工龄	工资

人事档案 筛选结果 Sheet3

图 1.27 “高级筛选”筛选结果表

然后，在功能区选择“数据”选项卡，并单击“排序和筛选”组中的“高级”按钮，在弹出的“高级筛选”对话框中，将“将筛选结果复制到其他位置”选中，在“列表区域”框中选择“人事档案”工作表的整个数据区域，在“条件区域”框中选择“筛选结果”工作表的 A1:C2 区域，在“复制到”框中选择“筛选结果”工作表的 A5:J5 区域，效果如图 1.28 所示。单击“确定”按钮，关闭“高级筛选”对话框。

图 1.28 “高级筛选”选项设置

最后，单击“开发工具”选项卡“代码”组的“停止录制”按钮，完成数据筛选宏的录制。日后要进行筛选时，只要设置好条件区域，运行此宏即可，免去了繁琐的“高级筛选”命令操作过程。

对于上述录制好的宏，请尝试通过快捷键、“宏”对话框、自定义的图形控件、表单控件、快速访问工具栏、自定义功能区等各种方式运行。

第 2 章　VBA 编 程 基 础

通过第 1 章的学习，我们已经熟悉了宏和 VBE，对 VBA 也有了初步的认识，接下来便可着手编写一些具体的 VBA 代码了，不过进行实际的代码编写时，熟悉 VBA 的基本语法和掌握一定的 VBA 程序设计基础是必需的，这也是开发 VBA 应用程序的基础和关键。因此，本章主要介绍 VBA 的语法基础和一些语言要素，具体包括数据类型、常量与变量、运算符与表达式、常用语句，以及常用的内部函数等。

2.1　数　据　类　型

数据是程序的必要组成部分，也是程序处理的对象。VBA 预定义了丰富的数据类型，主要包括：Byte、Boolean、Integer、Long、Currency、Single、Double、Date、String、Object、Variant（默认）和用户定义类型等，不同的数据类型体现了不同的数据结构特点，表 2.1 显示了 VBA 所支持的数据类型，以及对应的存储空间大小和取值范围。

表 2.1　　VBA 的常用数据类型

数据类型	存储空间大小（字节）	取值范围
Byte（字节型）	1	0～255
Integer（整型）	2	-32,768～32,767
Long（长整型）	4	-2,147,483,648～2,147,483,647
Single（单精度浮点型）	4	负数：-3.402823×10^{38}～-1.401298×10^{-45} 正数：1.401298×10^{-45}～3.402823×10^{38}
Double（双精度浮点型）	8	负数：$-1.79769313486231\times10^{308}$～$-4.94065645841247\times10^{-324}$ 正数：$4.94065645841247\times10^{-324}$～$1.79769313486232\times10^{308}$
Currency（货币型，成比例的整数）	8	922,337,203,685,477.5808～922,337,203,685,477.5807
String（变长字符串）	10＋ 字符串长度	0～20 亿（2^31）
String * size（定长字符串）	字符串长度，size 是小于 65536 的无符号整数	1～64K（2^16）
Boolean（逻辑型）	2	True 或 False
Date（日期型）	8	从 100 年 1 月 1 日 0:00:00 到 9999 年 12 月 31 日 23:59:59

续表

数据类型	存储空间大小（字节）	取值范围
Object（对象型）	4	任何对象的引用
Variant（变体型）	存放数值：16 存放字符：22＋ 字符串长度	数值：最大可达 Double 的范围 字符：与变长字符串相同
用户自定义（利用 Type）	所有元素所需数目	每个元素的范围与它本身的数据类型的范围相同

了解不同类型的数据及其取值范围和有效数位，有利于在设计程序时根据实际需要做出正确的选择。对于一个变量（关于变量的概念，可参阅 2.2 节中的相关内容），如果未声明它的数据类型，则默认为 Variant 型。Variant 比其他的类型占用更多的存储空间，这是因为每个 Variant 变量都必须在存储数据的同时向 VBA 传递信息，让 VBA 根据实际需要将数据转换为特定的数据类型。如果应用程序需要最大的处理速度，则应声明具体的变量类型，以使其占用尽可能少的内存。例如，声明变量 x 用于存放一个行政班级的学生人数（一般不超过 255 人），则可以使用声明语句“Dim x As Byte”，VBA 只会为此变量分配 1 个字节的存储空间。如果变量 x 用于存储一所高校的教职工人数（一般不超过 32767 人），则应该使用“Dim x As Integer”声明语句，VBA 将为此变量分配 2 个字节的存储空间。而如果变量 x 用于存储一个城市所拥有的人口数（一般不少于 32768 人），则应该使用“Dim x As Long”声明语句，VBA 将为此变量分配 4 个字节的存储空间。

2.2　常 量 与 变 量

2.2.1　常量

常量，也称为文字值或标量值，是表示一个特定数据值的符号。在 VBA 中，常量的形式主要有 3 种：直接常量、符号常量、系统常量。

1. 直接常量

直接常量是指那些直接写在程序中的具体数据，它们的书写格式取决于它们所表示的值的数据类型。

（1）数值常量。VBA 中的字节型数、整型数、长整型数、单精度浮点数、双精度浮点数、货币型数又统称为数值型数据。对于整型数值常量，其书写格式采用以不包含小数点的数字串来表示，如：36、2014 等；对于浮点型数值常量，其书写格式采用包含小数点的数字串来表示，如：3.14、−0.012、.5 等；除了这种普通表示法之外，浮点型的数值常量还可以采用指数的形式来表示，指数形式表示法又称“科学记数法”或 Exponential Notation，它由尾数和阶码两部分组成：mE±n，其表示 $m\times10^{\pm n}$，其中字母 E 可以用字母 D 代替，且大小写均可。如：地球周长为 4E+7m，水分子直径为 4D−10m。

VBA 中的数值常量一般采用十进制数，但有时也使用十六进制数（数值前加前缀&H）或八进制数（数值前加前缀&O）。例如，赋值语句“x=&H1A2”的作用是将 418（十进制）

送入变量 x 所在的存储单元；而赋值语句“x=&O216”的作用是将 142（十进制）送入变量 x 所在的存储单元。

（2）字符串常量。字符串常量是用英文输入法半角状态下的双引号（" "）括起来的一串字符，格式为："h1h2h3...hn"。每个字符占 1 个字节，可以是任何合法字符，如："VBA"、"1 + 3"、"无实数解"等。

（3）逻辑常量。逻辑（Boolean）常量只有两个值：真（True）和假（False）。当把数值常量转换为 Boolean 时，0 为 False，非 0 为 True；当把 Boolean 常量转换为数值时，False 转换为 0，True 转换为-1。

（4）日期常量。日期常量用来表示日期和时间，VBA 可以表示多种格式的日期和时间，输出格式由 Windows 设置的格式决定。日期数据用两个“#”把表示日期和时间的值括起来，如：#08/18/2014#、#08/18/2014 08:10:38 AM#等。

2. 符号常量

当程序中多次出现某个数据时，为了便于程序修改和阅读，可以给它赋予一个名字，以后用到这个值时就可用此名字代表，这个名字称为符号常量。符号常量的定义格式如下：

```
Const  <符号常量名> [ As  数据类型  ]= <常量>
```

如果在声明符号常量时没有显式地使用“As 数据类型”子句，则该符号常量的数据类型是最适合其表达式的数据类型。另外，符号常量的命名惯例是全部字母都用大写，这样就容易区分代码中的变量和其他常量，如下列的方式声明一个代表 π 的符号常量：

```
Const PI = 3.1415926
```

需要注意的是，符号常量表示的是只读值，所以不允许赋值给符号常量。例如，对于上面定义的符号常量 PI，不可以在程序过程中采用“PI = 3.14”的语句来改变它的值。

3. 系统常量

事实上，VBA 内部定义了非常多的符号常量，因为这些常量是系统预定义的，所以通常把它们称为系统常量。在许多情况下，使用系统常量能使程序设计变得更为简单，表 2.2 即为 VBA 内部定义的 Color 常量，在设置某些对象的外观颜色时，可直接使用这些常量。至于 VBA 定义的其他系统常量，读者可以参考 Office 的帮助文件。

表 2.2　　VBA 的 Color 常量

常　量	值	描　述
vbBlack	0x0（0）	黑色
vbRed	0xFF（255）	红色
vbGreen	0xFF00（65280）	绿色
vbYellow	0xFFFF（65535）	黄色
vbBlue	0xFF0000（16711680）	蓝色
vbMagenta	0xFF00FF（16711935）	紫红色
vbCyan	0xFFFF00（16776960）	青色
vbWhite	0xFFFFFF（16777215）	白色

2.2.2　变量

在实际编写应用程序时，常常需要临时存储一些数据以提高程序的灵活性和满足应用的需要，存储这些临时数据就有赖于变量来实现。在具体了解变量之前，先来看下面的例子。

例 2.1：已知当前工作簿中有 Sheet1、Sheet2、Sheet3、Sheet4 和 Sheet5 等 5 个工作表，要求编写一个程序，隐藏除 Sheet1 之外的所有工作表。

如果没有使用变量，可以使用如下代码所示的程序 1 实现：

```
Sub HideSheets()
    ThisWorkbook.Worksheets("Sheet2").Visible = False
    ThisWorkbook.Worksheets("Sheet3").Visible = False
    ThisWorkbook.Worksheets("Sheet4").Visible = False
    ThisWorkbook.Worksheets("Sheet5").Visible = False
End Sub
```

若引入了变量，则同样的功能可以使用如下所示的程序 2 实现：

```
Sub HideSheets()
    Dim i As Integer, n As Integer
    n = ThisWorkbook.Worksheets.Count
    For i = 1 To n
        If ThisWorkbook.Worksheets(i).Name <> "Sheet1" Then
            ThisWorkbook.Worksheets(i).Visible = False
        End If
    Next i
End Sub
```

程序 2 对比程序 1 的优势在于，若工作簿中的工作表增加了，程序 1 需要更改代码，代码将变得更加繁琐，增加了几个工作表就要增加几条代码，能直接感受到它的冗余，而对于程序 2，不管将来工作表的数目怎么变，程序代码都不需维护。程序 2 中 For...Next 语句的详细内容将在第 3 章介绍，这里可以先简单地理解为它控制着中间部位的代码重复执行 n 次，而 i 表示的是第几次执行。

所谓变量，就是指在程序运行中可以根据不同情况其值能随之发生变化的自定义对象。同常量一样，变量也有数据类型，常量的数据类型由书写格式决定，而变量的数据类型由类型声明决定。

1. 变量的命名规则

变量名的首字符必须为英文字母，整个名字不超过 255 个字符，名字中可以包含数字、下划线等特定字符，但是不能包含空格、句号、感叹号，也不能包含“@”、“&”、“$”和“#”等字符。例如，Sum、a2、x_1 都是合法的变量名，但 1a、l@y、b！则是不合法的变量名。

关于变量的命名，有几条值得推荐的建议和说明：

（1）不能使用 VBA 的关键字作为变量名。关键字是指 VBA 系统中已经定义的词，像语句、函数、运算符的名称等，如 Print、If、For 等都不能用作变量名。

（2）变量名不能与过程名或符号常量名相同。

（3）VBA 不区分变量名的大小写，即大小写是一样的，如 X1 与 x1 是同一变量。

（4）变量取名应尽量做到“见名知义”，以提高程序的可读性。建议根据变量类型确定变量名的首字母，即变量名的第一个字符使用称为变量数据类型代码标识符的小写字母（表 2.3），后面的单词则用大写字母开头。

表 2.3　　变量数据类型代码标识符建议

数据类型	变量数据类型代码标识符	示　例
字节型（Byte）	y	yNumber
整型（Integer）	n 或 i	nRows，iColumns
长整型（Long）	l	lCellsCount
单精度浮点型（Single）	g	gArea
双精度浮点型（Double）	d	dVolume
逻辑型（Boolean）	b	bFind
字符串型（String）	s	sTitle
日期型（Date）	t	tBirthday

当然，这里关于变量名的首字符如何确定，提出的只是建议，而不是规定。另外，根据变量名的首字母并不能确定变量的真实数据类型，例如，仅仅从变量名 gWidth 不能确定变量 gWidth 为单精度浮点型，变量的数据类型只能根据变量的声明来确定。

2. *变量的声明方法*

声明变量可以使用 Dim 语句，具体格式如下：

```
Dim 变量名 [As 数据类型 ]
```

如果省略了子句“As 数据类型”，则变量将被指定为 Variant 类型，因为 Variant 要占用更多的存储空间，其处理速度也会更慢一些（根据不同数据类型，从基本无差别到大概慢 0.5～1 倍），所以一般应该明确指定数据类型，这样也能使程序具有更强的可读性。一个 Dim 语句可以同时声明多个变量，如：Dim x As Integer, s As String，表示一次声明了两个变量 x 和 s，其中 x 为整型，s 为字符串型。

注意：*不可以将语句“Dim m As Integer, n As Integer”写作“Dim m, n As Integer”，后者实际上将 m 声明为 Variant 类型，增加了变量 m 的内存开销。*

根据变量的作用域，即变量的有效范围，可以有 3 种声明变量的方式。

（1）声明过程级变量。所谓的过程级变量，是指声明的变量只在其所在的过程中有效。例如：

```
Sub Test()
    Dim nNumber As Integer
    nNumber = 100
    Range("A1").Value = nNumber
End Sub
```

在上述的代码中，声明了一个整型变量 nNumber，它是一个过程级变量，它的值只能在 Test 过程内进行修改或者读取，其他过程不可使用此变量。

（2）声明模块级变量。所谓的模块级变量，是指声明的变量在同一个模块内是通用的变量。声明模块级变量的语句不能放在过程内部，而应放在模块的【通用】【声明】处。声明模块级变量可以有 2 种方式：

```
Dim 变量名 [As 数据类型 ]
Private 变量名 [As 数据类型 ]
```

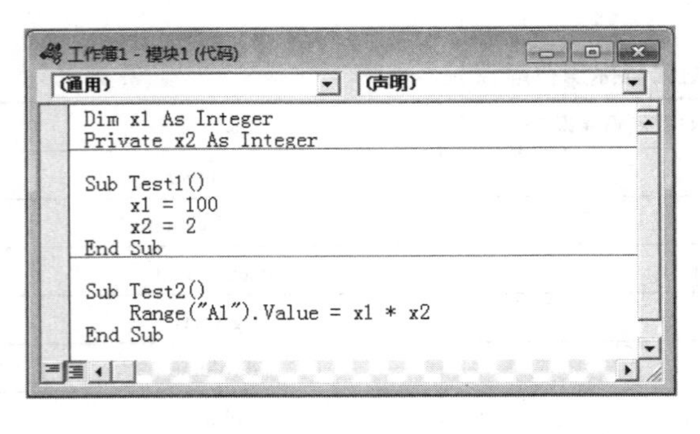

图 2.1　模块级变量的声明方法

在图 2.1 所示的模块 1 中的程序代码中，在模块的公共部位，即【通用】【声明】处，用不同的方法分别声明了 x1 和 x2 两个整型变量，这两个变量在 Test1 和 Test2 两个过程中都可以使用，此程序若先执行 Test1 过程再执行 Test2 过程，则活动工作表的 A1 单元格中将填入一个值：200。

（3）声明应用程序级变量。应用程序级变量又称为全局变量，就是在该工程的所有过程代码中都可以使用的变量。声明全局变量的语句也是放在模块的【通用】【声明】处，方法为：

```
Public 变量名 [As 数据类型 ]
```

3. 变量的生存期

变量的生存期是指在代码中从使用该变量开始，到该变量被计算机从内存中删除为止的这段时间。通过一个过程来演示变量的生存期：

```
Sub LifeTime()
    Dim nSales As Integer
    nSales = nSales + 1
    MsgBox nSales
End Sub
```

每次运行 LifeTime 过程，消息框显示的值都是 1。这是因为 nSales 变量的值是保存在内存中的，当程序到达 End Sub 语句时，nSales 使用的内存就被释放了，下次再运行 LifeTime 过程时，nSales 将被重新创建，并且初始值设为 0。如果需要延长 nSales 变量的生存期，则声明变量的语句可以采用 Static 而不是 Dim，例如上面的代码如果改为下面的方式：

```
Sub LifeTime()
    Static nSales As Integer
    nSales = nSales + 1
    MsgBox nSales
End Sub
```

那么，nSales 变量的值在工作簿打开期间将始终保存在内存中，直到工作簿关闭，计算机才会将它占用的内存释放。上述程序，运行 LifeTime 过程的次数越多，nSales 的值越大。

对于模块级变量和应用程序级变量，它们的生存期是始终贯穿着该工作簿的打开期间的，即模块级变量和应用程序级变量在所属工作簿打开期间，它们占用的内存空间不会被释放，直到工作簿关闭了，它们占用的内存空间才会被释放。

4. 强制声明变量

声明变量，就是在程序中使用变量之前指定该变量的数据类型，由此决定变量的存取格式、取值范围、有效数位等。在 VBA 的程序中，尽管变量没有被事先声明，该变量也可以使用，但这会导致 VBA 耗费大量的内存来判断它的数据类型，降低了程序的运行效率，也不利于人们阅读程序，还会增加程序出错的危险，所以在程序中用到的变量，一般应事先声明。如果要强制声明变量，可以通过以下 2 种方法实现。

（1）打开 VBE 界面，执行“工具”→“选项”菜单命令，打开如图 2.2 所示的“选项”对话框，在“编辑器”选项卡中勾选“要求变量声明”选项。

（2）在模块代码窗口的【通用】【声明】处，输入 Option Explicit 语句，这样就可以要求在本模块内强制进行变量声明。

如果设置了变量的强制声明，VBA 在发现未声明的变量时，系统会弹出如图 2.3 所示的错误提示框。

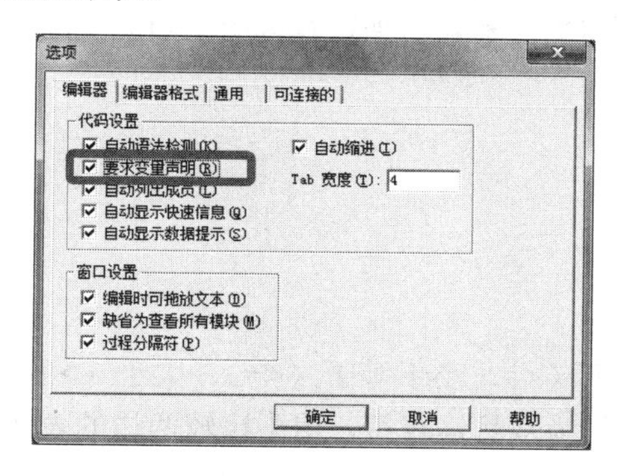

图 2.2　要求变量声明

图 2.3　变量未定义提示框

5. 变量的初始值

变量声明后，VBA 会对变量的值做初始化，不同类型的变量初始化的值是不同的。数值变量被初始化为 0，变长的字符串被初始化为一个零长度的字符串（""），而定长的字符串则在每个字符位置都填上 ASCII 码为 0 的字符，即 Chr(0)，逻辑型的变量初始化为 False，Variant 变量被初始化为 Empty，表示尚未对 Variant 变量指定初始值，当 VBA 判定该变量用于存储数值时，以 0 表示 Empty，在用于存储字符串时，则以零长度字符串（""）表示它。

2.3 运 算 符

程序语句中包含常量、变量和函数等要素，同样的，运算符也是程序语句的基本要素，只有通过运算符才能把常量、变量和函数等组成有意义的表达式。

1. 算术运算符

见表 2.4，VB 共有 7 个算术运算符，除了负号是单目运算符，其他都是双目运算符。

表 2.4　　　　　　　　　　算 术 运 算 符

运算符	名称	示　例
^	乘方	2 ^ 3 值为 8，−2 ^ 3 值为−8
*	乘法	5 * 8
/	除法	7 / 2
\	整除	7 \ 2 值为 3，12.58 \ 3.45 值为 4（两边先四舍五入再运算）
Mod	求余数	7 mod 2 值为 1，12.58 Mod 3.45 值为 1（两边先四舍五入再运算）
+	加法	1 + 2
−	减法、取负	5 − 8，−3

其中，整除（\）和求余（Mod）运算只能对整型数据（Byte、Integer、Long）进行，如果其两边的任何一个操作数为浮点型（Single、Double），则 VBA 自动将其四舍五入，再用四舍五入后的值做整除或求余运算。

2. 字符运算符

字符串运算符有两个：“+”和“&”，均为双目运算符，用于连接两边的字符串表达式。不过不推荐使用“+”进行字符串的连接运算，因为容易和数学运算混淆。例如，可以使用以下语句连接字符串：

```
MyString = "test"
MyString = MyString & "Test Added"
MyString = MyString + "Added Still"
```

3. 关系运算符

关系运算符也称为比较运算符，主要有小于（<）、小于等于（<=）、大于（>）、大于等于（>=）、不等（< >）和等于（=）等 6 个，均为双目运算符，用于比较两边的表达式是否满足条件，运算结果为 True 或 False。

比较运算符除了上述常用的 6 个外，还有 Is 和 Like。Like 运算符用于比较两个字符串是否匹配，其语法格式为：

```
result = string Like pattern
```

如果 string 与 pattern 匹配，则 result 为 True；如果不匹配，则 result 为 False。pattern 中可以使用通配符，其中“?”代表任何单一字符，“*”代表零个或多个字符，“#”代表任何一个数字（0~9）。下例演示了 Like 运算符的使用：

```
Dim MyCheck As Boolean
MyCheck = "aBBBa" Like "a*a"              ' 返回 True
MyCheck = "a2a" Like "a#a"                ' 返回 True
MyCheck = "BAT123khg" Like "B?T*"         ' 返回 True
MyCheck = "CAT123khg" Like "B?T*"         ' 返回 False
```

Is 运算符主要用于比较两个对象的引用变量，即用于测试两个变量是否引用了相同的对象，关于它的使用不在本书的讨论范围，有兴趣的读者可以参阅相关资料。

4. 逻辑运算符

常用的逻辑运算符有 3 种，见表 2.5。关系表达式的值为 False 或 True，因此也是逻辑表达式，逻辑表达式用逻辑运算符正确地连接后也是逻辑表达式。

表 2.5 逻辑运算符

运算符	名称	示例及说明
And	与	8 Mod 2 = 0 And 8 Mod 3 = 0，值为 False。 只有当两个表达式的值都为真（True）时，结果才为真，否则为假（False）
Or	或	8 Mod 2 = 0 Or 8 Mod 3 = 0，值为 True。 两个表达式中只要有一个为真（True）时，结果就为真；只有当两个表达式的值都为假（False）时，结果才为假
Not	非	Not 1 > 0，值为 False，由真变假；Not 1 < 0，值为 True，由假变真

5. 运算符优先级

当一个表达式牵扯到多个运算符时，就必须考虑运算符的优先顺序。运算符的优先顺序是指在一个表达式中进行若干操作时，每一部分都会按预先确定的顺序进行计算求解，这个顺序称为运算符的优先级。

在表达式中，当运算符不止一种时，要先处理算术运算符，接着处理比较运算符，最后处理逻辑运算符。所有比较运算符的优先级都是相同的，也就是说，要按它们出现的顺序从左到右进行处理。而算术运算符和逻辑运算符则必须按表 2.6 的优先级（由上至下）进行处理。可以用括号改变运算符的优先级，强令表达式的某些部分优先运行，括号内的运算总是优先于括号外的运算。但是，在括号之内，各个运算符的优先级不变。

表 2.6 算术运算符和逻辑运算符的优先级

算术运算符	逻辑运算符	算术运算符	逻辑运算符
指数运算（^）	Not	整除（\）	Xor
负数（-）	And	求余（Mod）	Eqv
乘法和除法（*、/）	Or	加法和减法（+、-）	Imp

2.4 数 组

数组是可以包含一个以上数据项的 VBA 变量，是具有相同数据类型并且共享同一个名字的一组变量的集合。声明数组的语法如下：

```
Dim 数组名(n) As 数据类型
```

其中，n 表示数组中最后一个元素的索引值，默认情况下，数组中第一个元素的索引值是 0，因此上面的声明语句表示所定义的数组包含 n + 1 个元素，即语句"Dim sStuName(2) As String"表示声明了一个包含 3 个元素的数组。也可以将下面的语句放在模块代码窗口顶部的【通用】【声明】处，使得数组中元素的索引值从1开始：

```
Option Base 1
```

数组的基数以1开始时，语句“Dim sStuName(2) As String”所声明的数组包含2个元素，即 sStuName(0)不存在。

如果希望数组元素的个数不依赖于 Option Base 语句，则可以显式声明数组元素索引值的下界和上界：

```
Dim 数组名( a To b ) As 数据类型
```

其中，a 表示数组元素索引值的下界，b 表示数组元素索引值的上界。数组处理列表或项目表非常有用，若想创建一个简短的列表，还可以使用 Array 函数，例如：

```
Dim vData As Variant
vData = Array("East", "West", "South", "North")
```

需要注意的是，使用 Array 函数来创建数组时，声明的数组变量不需在名字后面添加括号，且数据类型必须为 Variant。像上面代码创建好的列表，就可以使用 For…Next 循环语句来操作，如打开和处理一系列名称为 East.xlsx、West.xlsx、South.xlsx、North.xlsx 的工作簿。

```
Sub Array1()
    Dim vData As Variant, vWKB As Workbook
    Dim i As Integer
    vData = Array("East", "West", "South", "North")
    For i = LBound(vData) To UBound(vData)
        Set vWKB = Workbooks.Open(vData(i) & ".xlsx")
        '处理数据
        vWKB.Close True
    Next i
End Sub
```

上述代码中，LBound 函数用于取出 vData 数组的元素索引值的下界，UBound 函数用于取出 vData 数组的元素索引值的上界。

1. 二维数组

上文中的数组只有一维。虽然很少人使用大于二维的数组，但实际上可以定义多达60维的数组。下面的语句演示了二维数组的声明方法：

```
Dim nData(10, 20) As Integer
Dim gData(1 To 10, 1 To 20) As Single
```

可以将一个二维数组视作一个数据表，上面的示例代码定义了一个10行和20列的数据表格。

在 Excel 中使用数组处理工作表单元格区域中的数据是非常有用的，将单元格区域中的数值装载到数组中，处理数据，再将数据写回工作表，要比单独访问每一个单元格更有效。

2. 动态数组

在编写程序代码时，有时无法确定所需的数组元素个数。例如，希望将当前目录中的所有 Excel 文件的名称装载到一个数组中，但事先无法预知究竟会有多少个文件。一种方法是声明一个足够大的数组，以便包含最大可能的数量，但这种方法的效率很低。另一种方法是定义一个动态数组，在程序运行中动态设置数组的大小。声明动态数组的方法如下：

```
Dim 数组名( ) As 数据类型
```

在括号中忽略数组维数和数组大小，在程序运行时，使用 ReDim 语句重新指定数组的大小：

```
ReDim 数组名( 新的数组元素索引值范围 )
```

例如，对于已用语句“Dim vData( ) As Variant”声明的数组，可以用下面的方式重新定义它的大小和维数：

```
ReDim vData(iCount)
ReDim vData(iRows, iColumns)
ReDim vData(iMinRow To iMaxRow, iMinCol To iMaxCol)
```

ReDim 语句会重新初始化数组，并销毁其中的任何数据，如果要保留数组中已有的数据，则应在 ReDim 语句的后面使用关键字 Preserve，具体语法如下：

```
ReDim Preserve 数组名( 新的数组元素索引值范围 )
```

2.5 常 用 语 句

语句是程序代码的主要构架，它们可以进行赋值、声明变量、注释代码、执行跳转等。在 VBA 中大约有 70 几种的语句，本节主要介绍其中常用的几种语句。

2.5.1 赋值语句

赋值语句是程序设计中的最基本语句，也是 VBA 中最常用的语句之一，这是因为 VBA 程序设计是以对象为中心的，在程序中需要不断改变对象的属性，同时在程序中也需要大量的临时变量保存数据，这些功能都要通过赋值语句来完成。

1. 格式

赋值语句的形式为：

```
格式 1：<变量名> = <表达式>
格式 2：<对象名称>.<属性名称> = <表达式>
```

下面是 2 条典型的赋值语句：

```
MyNum = 1818                '将整数 1818 赋给变量 MyNum
Command1.Caption = "确定"    '将命令按钮 Command1 的标题设置为“确定”
```

2. 功能

先计算赋值符号“=”右边表达式的值，然后将此值赋给赋值符号“=”左边的变量或对象的属性。

3. 使用说明

（1）赋值符号“=”的左边不能是常数、常量符号及表达式。

（2）不能在一条赋值语句中同时给不同的变量赋值，如语句：x=y=10 并非实现将变量 x 和 y 的值都设为 10。

（3）条件表达式中的“=”是关系运算符，而非赋值符号，VBA 会根据“=”的位置，自动识别“=”是关系运算符还是赋值符号。

（4）在使用赋值符号时，需要注意数据类型的匹配问题。

例如，下面的语句会产生错误：

```
Dim x As Integer
x = "心有灵犀"
```

若将变量定义成 Variant 类型，则不存在类型匹配的问题，下面的语句可以正确运行：

```
Dim x
x = "心有灵犀"
x = 1818
```

2.5.2 注释语句

注释的意思是在程序中加入一些评注或解释，目的在于为程序的阅读和修改提供信息，提高程序的可读性和可维护性。在第 1 章中已经对添加注释的方法做过简单介绍，本小节主要强调使用注释语句的一些注意事项。

注释的方法有 2 种：使用 Rem 关键字或撇号（'），具体格式为：

```
格式 1：'<注释内容>
格式 2：Rem <注释内容>
```

两者的用法基本相同，在一行中撇号（'）或 Rem 关键字后面的内容为注释内容，它们的区别在于使用 Rem 关键字，必须使用冒号（:）与前面的语句隔开；而使用撇号（'），则不必加冒号（:）。例如，下例演示了在程序中包含注释的 2 种方法：

```
Dim MyStr1, MyStr2
MyStr1 = "Hello":        Rem 注释在语句之后要用冒号隔开
MyStr2 = "Goodbye"   '这也是一条注释，无需使用冒号
```

注意：注释内容前面使用的撇号（'）和冒号（:）必须都是英文输入法下输入的半角字符。

2.5.3 Set 语句

在 VBA 中，Set 语句主要用来将一个对象赋给已声明为对象的变量，具体的语法格式如下：

```
Set 对象变量 = 对象
```

将对象赋给一个对象变量后，就可以通过此对象变量操作该对象的所有属性和方法。例如，在下面的示例代码中，首先声明了一个 Range 对象类型的变量 myCell，然后将 Sheet1 工作表的 A1 单元格赋给了此对象变量，此时 myCell 就表示是 A1 单元格的引用，通过 myCell 变量便可以设置 A1 单元格的字体格式。

```
Sub ApplyFormat()
    Dim myCell As Range
    Set myCell = Worksheets("Sheet1").Range("A1")
    myCell.Font.Color = vbRed
    myCell.Font.Bold = True
End Sub
```

2.5.4 With 语句

With 语句可以在一个单一对象或一个用户定义类型上执行一系列的语句，一方面可以节约代码输入量，一方面 With 语句也可以提高运行效率。With 语句的语法如下：

```
With 对象
    .属性 1 = 属性值
    .属性 2 = 属性值
    ……
    .属性 n = 属性值
End With
```

使用 With 语句，就可以对某个对象执行一系列的属性设置语句，而不用重复指出对象的名称。不过需要注意的是，在 With 语句中，每个属性的前面都要加“.”。

例 2.2：编写一个过程，将 A1 单元格的文字格式设置为楷体、16 磅、加粗，且文字颜色设为红色。

如果不使用 With 语句，则该过程代码可以写成如下形式：

```
Sub FontFormat()
    Range("A1").Font.Name = "楷体"
    Range("A1").Font.Size = 16
    Range("A1").Font.Bold = True
    Range("A1").Font.Color = vbRed
End Sub
```

但是，如果使用了 With 语句，则程序代码变成了：

```
Sub FontFormat()
    With Range("A1").Font
        .Name = "楷体"
        .Size = 16
        .Bold = True
        .Color = vbRed
    End With
End Sub
```

从以上两组代码中可以看出，使用了 With 语句后，“Range("A1").Font” 只出现了一次，代码变简洁了，可读性也增强了。

程序一旦进入 With 块，就不能更改对象，因此不能用一个 With 语句来设置多个不同的对象。可以将一个 With 块放在另一个之中，产生嵌套的 With 语句。但是，由于外层 With 块成员会在内层的 With 块中被屏蔽，所以必须在内层的 With 块中，使用完整的对象引用来指出在外层的 With 块中的对象成员。

With 语句经常使用在对一个对象或用户自定义类型需要进行反复引用的情况下，特别是在循环中，如果要反复引用某个对象，那么最好通过 With 语句来引用该对象。

2.5.5　Exit 语句

Exit 语句主要用于退出循环、过程等代码块。例如，要从 Do…Loop 循环体中强制跳出时，可以使用 Exit Do 语句，而如果要跳出 Sub 过程，则可以使用 Exit Sub 语句。它的语法主要有表 2.7 描述的几种形式。

表 2.7　　　　Exit 语句的主要语法

语　句	说　明
Exit Do	提供一种退出 Do...Loop 循环的方法，并且只能在 Do...Loop 循环中使用。Exit Do 会将控制权转移到 Loop 语句之后的语句。当 Exit Do 用在嵌套的 Do...Loop 循环中时，Exit Do 会将控制权转移到 Exit Do 所在位置的外层循环
Exit For	提供一种退出 For 循环的方法，并且只能在 For...Next 或 For Each...Next 循环中使用。Exit For 会将控制权转移到 Next 之后的语句。当 Exit For 用在嵌套的 For 循环中时，Exit For 将控制权转移到 Exit For 所在位置的外层循环
Exit Function	立即从包含该语句的 Function 过程中退出。程序会从调用 Function 的语句之后的语句继续执行
Exit Sub	立即从包含该语句的 Sub 过程中退出。程序会从调用 Sub 过程的语句之后的语句继续执行

例 2.3：编写一个过程，用于判断当前活动工作簿中是否包含工作表 Sheet2，并用消息框给出相应的提示。

```
Sub IsSuchSheet()
    Dim mySheet As Worksheet, iCounter As Integer
    iCounter = 0
    For Each mySheet In Worksheets
        If mySheet.Name = "Sheet2" Then
            iCounter = iCounter + 1
            Exit For
        End If
    Next mySheet
    If iCounter > 0 Then
        MsgBox "This workbook contains Sheet2."
    Else
        MsgBox "Sheet2 was not found."
    End If
End Sub
```

上述代码中，For Each...Next 循环用于遍历活动工作簿中所有的工作表（关于 For Each...Next 语句的具体介绍请参阅第 3 章的相关内容），因为工作表是不能重名的，所以当“mySheet.Name = "Sheet2"”条件成立时，也就表示工作表找到了，那么就没有继续遍历下去的必要了，代码中的 Exit For 语句正是表达了这样一个意思。

2.5.6 错误转移语句

在设计一个应用程序时，应预先考虑应用程序在使用时可能发生的各种问题，但有些时候，代码的逻辑感觉已经无懈可击，却仍有可能发生代码崩溃的情况。事实上，在 VBA 中可以设置代码，合理地处理上述情况，主要是以下两种转移语句，分别用来实现在发生错误时转到指定的语句去处理和忽略出错的语句。

1. On Error GoTo 语句

On Error GoTo 语句主要用于在程序运行发生错误时，将程序转移至指定语句处进行处理。它的语法格式如下：

```
On Error GoTo LineLabel
```

LineLabel 是在正常的代码末尾插入的标签，代表了错误处理代码的开始位置。如下面的代码，用到了行标签 errTrap。注意，行标签后面紧接着一个冒号（:）。行标签标志着错误处理代码的开始，应在它之前放置一个 Exit 语句，避免没有错误发生时也执行了错误处理代码。

```
Sub DeleteSheet()
    On Error GoTo errTrap
    Sheets("Sheet1").Delete
    Exit Sub
errTrap:
    MsgBox "名称为“Sheet1”的工作表不存在！"
End Sub
```

2. On Error Resume Next 语句

在程序中为了避免一些不影响正确结果的错误干扰，可以使用 On Error Resume Next 语句来忽略错误。如果有“运行时错误”发生，那么程序就从导致错误发生的语句的下一句继续执行下去。

下面的程序用于删除 Sheet1 工作表和 Sheet2 工作表，其中使用了 On Error Resume Next 语句来忽略错误，即使工作表 Sheet1 或者 Sheet2 不存在而引发了删除错误，也不影响程序的运行。

```
Sub DeleteSheet()
    On Error Resume Next
    Sheets("Sheet1").Delete
    Sheets("Sheet2").Delete
End Sub
```

注意：如果要禁止当前过程中任何已启动的错误处理程序，可以执行下面的代码：

```
On Error GoTo 0
```

2.6　常 用 VBA 函 数

VBA 预定义了非常丰富的内部函数，这些函数可以供用户直接调用，有了这些函数也使得用户在解决诸多问题时变得更加简便。这里主要介绍一些常用的内部函数，其他函数可参见 VBA 的相关帮助。

2.6.1　数学函数

VBA 预定义了 12 个基本的数学函数，这些函数的返回值均为数值型。

（1）三角函数：Sin(number)、Cos(number)、Tan(number)、Atn(number)。

以上函数分别返回 number 所对应的正弦值、余弦值、正切值和反正切值，其中 number 表示的是一个以弧度为单位的角，所以像数学式 Sin30°，对应的 VBA 表达式应为 Sin(30 * 3.14159265 / 180)。

（2）Abs(number)。返回 number 的绝对值。一个数的绝对值是将正负号去掉以后的值。例如，ABS(−1)和 ABS(1)都返回 1。

（3）Exp(number)。返回 e（自然对数的底）的 number 次方，常数 e 的值大约是 2.718282。Exp 函数的作用和 Log 函数的作用互补，所以有时也称作反对数。

（4）Log(number)。返回 number 的自然对数值，自然对数是以 e 为底的对数。如下所示，将 x 的自然对数值除以 n 的自然对数值，就可以对任意底 n 来计算数值 x 的对数值：

```
Logn(x) = Log(x) / Log(n)
```

（5）Fix(number)。返回 number 的整数部分。例如，Fix(3.14) 返回 3，Fix(−3.14)返回 −3。

（6）Int(number)。返回不大于 number 的整数。同 Fix 函数一样，Int 函数会删除 number 的小数部分而返回剩下的整数，不同之处在于，如果 number 为负数，则 Int 返回小于或等于 number 的负整数，而 Fix 则会返回大于或等于 number 的负整数。例如，Int(−8.4)返回−9，而 Fix(−8.4)返回−8。

（7）Sqr(number)。返回 number 的平方根，参数 number 是一个大于或等于 0 的数。例如，Sqr(16)的返回值为 4，Sqr(1.44)的返回值为 1.2。

（8）Sgn(number)。Sgn 函数也称为符号函数，其返回值只有 3 种可能，即−1、0、1，指出参数 number 的正负号，当 number 大于 0 时，Sgn 函数返回 1，当 number 等于 0 时，Sgn 函数返回 0，当 number 小于 0 时，Sgn 函数返回−1。

（9）Rnd( )。返回一个[0, 1)之间的 Single 类型的随机数。为了生成某个范围内的随机整数，可使用以下公式：

```
Int(Rnd( ) * (upperbound − lowerbound + 1) + lowerbound)
```

这里，upperbound 是随机数范围的上限，而 lowerbound 则是随机数范围的下限。例如，要随机生成一个[10, 99]之间的整数 x，则可以使用这条语句实现：

```
x = Int(Rnd( ) * (99 − 10 + 1) + 10)
```

上面的语句也可以简写为：x = Int(Rnd( ) * 90 + 10)。在调用 Rnd 函数之前，应当先使用无参数的 Randomize 语句初始化随机数生成器，这样可以使得每次调用 Rnd 函数后生成的数列都不相同。

2.6.2 文本函数

1. Left(string, length)

返回 string 字符串中从左边算起的 length 个字符，如果参数 length 的值为 0，则返回零长度字符串("")；而如果 length 大于或等于 string 的字符数，则返回整个字符串。例如，Left("VBA Programming", 3)的返回值为“VBA”。

2. Right(string, length)

返回 string 字符串中从右边算起的 length 个字符，如果参数 length 的值为 0，则返回零长度字符串("")；而如果 length 大于或等于 string 的字符数，则返回整个字符串。例如，Right("VBA Programming", 3)的返回值为“ing”。

3. Mid(string, start[, length])

返回 string 字符串中由左往右方向第 start 个字符算起的 length 个字符，如果 start 超过 string 的字符数，则返回零长度字符串("")；如果 length 省略或超过 string 的字符数，将返回字符串中从 start 到尾端的所有字符。例如，Mid("VBA Programming", 5, 7)的返回值为“Program”，Mid("VBA Programming", 5)的返回值为“Programming”。

4. Len(string)

返回 string 字符串内字符的数目，返回值为 Long 型。例如，Len("VBA Programming")的返回值为“15”。

5. UCase(string)

返回 string 字符串的大写形式，只有小写的字母会转成大写，原本大写或非字母字符保持不变。例如，UCase("Hello World 1234")的返回值为“HELLO WORLD 1234”。

6. LCase(string)

返回 string 字符串的小写形式，只有大写的字母会转成小写，原本小写或非字母字符保持不变。例如，UCase("Hello World 1234")的返回值为“hello world 1234”。

7. String(number, character)

返回 number 个重复的由 character 字符组成的字符串，其中 character 可以是一个字符的 ASCII 码，也可以是一个字符串，对于字符串 String 函数只取其第一个字符用于建立返回的字符串。例如，String(5, "a")、String(5, 97)和 String(5, "abc")的返回值都为“aaaaa”。

8. 修剪函数：LTrim(string)、RTrim(string)、Trim(string)

以上的函数都用于返回字符串参数 string 的副本，只是分别去除了 string 的前导空格（LTrim）、尾随空格（RTrim）和前导及尾随空格（Trim）。例如，LTrim(" <-Trim-> ")的返回值为“<-Trim-> ”，RTrim(" <-Trim-> ")的返回值为“ <-Trim->”，而 Trim(" <-Trim-> ")的返回值为“<-Trim->”。

例 2.4：编写一个过程，如图 2.4 所示，将 A2 单元格中的字符串分成 3 类，其中数字字符写入 B2 单元格，字母字符写入 C2 单元格，其他字符写入 D2 单元格。

	A	B	C	D
1	原始字符串	数字字符	字母字符	其他字符
2	LinYongXing@126.Com	126	LinYongXingCom	@.
3				

图 2.4　字符串分类效果

```
Sub Classify()
    Dim s As String, a As String, b As String, c As String
    Dim i As Integer, t As String
    '读入原始字符串
    s = Range("A2").Value
    For i = 1 To Len(s)
        '取出第 i 个字符
        t = Mid(s, i, 1)
        '数字字符
        If t >= "0" And t <= "9" Then
            a = a & t
        '字母字符，包括大写形式和小写形式
        ElseIf LCase(t) >= "a" And LCase(t) <= "z" Then
            b = b & t
        '其他字符
        Else
            c = c & t
        End If
    Next i
    '将分好类的各字符串写入到相应单元格
    Range("B2").Value = a
    Range("C2").Value = b
    Range("D2").Value = c
End Sub
```

2.6.3　转换函数

1. Val(string)

返回字符串参数 string 中第 1 个非数字字符之前的数字，Val 函数会忽略参数 string 中的空格、制表符和换行符，另外它还会将句点（.）当成一个可用的小数点分隔符。例如，Val("　　1615 198th Street N.E.")的返回值为 1615198，Val("123.5abc678")的返回值为 123.5。

2. Str(number)

返回数值参数 number 的对应数字字符串，当使用 Str 函数将一个数字转成字符串时，如果 number 为正，返回的字符串包含一个前导空格以示此处有一个正号。例如，Str(125)的返回值为“ 125”（注意 125 之前有一个空格），Str(-125)的返回值为“-125”。

Str 函数只认为视句点（.）是有效的小数点。如果使用不同的小数点（例如，国际性的应用程序），可使用 CStr 将数字转成字符串，关于 CStr 函数的使用请参考 VBA 相关帮助。

3. Asc(string)

返回字符串参数string的首字母的ASCII码。例如，Asc("a")的返回值为97，Asc("Apple")的返回值为65。

4. Chr(charcode)

返回字符码参数 charcode 所对应的字符，charcode 的正常范围为 0～255，其中 0～31 之间的数字与标准的非打印 ASCII 码相同。例如，Chr(10)表示的是换行符，而 Chr(13)表示的是回车符，Chr(97)的返回值则是“a”。

2.6.4 日期与时间函数

1. Now()、Date()、Time()

以上 3 个函数分别用于返回计算机系统的当前日期及时间、计算机系统的当前日期和计算机系统的当前时间。

2. Year(date)、Month(date)、Day(date)

以上 3 个函数分别用于返回日期参数 date 的年份、月份和日，其中 date 参数可以是任何一个能够表示日期的 Variant、数值表达式、字符串表达式或它们的组合。例如，Year("2014-3-22")的返回值为 2014，Month("2014-3-22")的返回值为 3，Day("2014-3-22")的返回值为 22。

3. Hour(time)、Minute(time)、Second(time)

以上 3 个函数分别用于返回参数 time 指定的一个时间的小时、分钟和秒，time 参数可以是任何一个能够表示时刻的 Variant、数值表达式、字符串表达式或它们的组合。例如，Hour(#4:35:17 PM#)的返回值为 16，Minute(#4:35:17 PM#)的返回值 35，Second(#4:35:17 PM#)的返回值为 17。

4. Weekday(date)

返回一个 Integer 型的整数，这个整数代表参数 date 指定的日期是星期几，date 参数是能够表示日期的 Variant、数值表达式、字符串表达式或它们的组合。Weekday 函数的返回值见表 2.8。

表 2.8　Weekday 函数的返回值

常　量	值	描　述	常　量	值	描　述
vbSunday	1	星期日	vbThursday	5	星期四
vbMonday	2	星期一	vbFriday	6	星期五
vbTuesday	3	星期二	vbSaturday	7	星期六
vbWednesday	4	星期三			

需要注意的是，默认情况下，Weekday 函数是将星期日作为一个星期的第一天。例如，Weekday(#3/22/2014#)的返回值为 7，表示 2014 年 3 月 22 日是星期六。

5. DateSerial(year, month, day)

通过“年”、“月”和“日”返回一个具体的日期，“日”的取值范围为 1～31，而“月”的取值范围应在 1～12 之间。例如，DateSerial(2014, 3, 22)的返回值为#2014/3/22#。

6. TimeSerial(hour, minute, second)

通过“时”、“分”和“秒”返回一个具体的时间，“时”应介于 0～23 之间，而“分”和“秒”应介于 0～59 之间。例如，TimeSerial(16, 35, 17)的返回值为#16:35:17#。

2.6.5 数组相关函数

1. Array(arglist)

返回一个以数组形式存放的 Variant，参数 arglist 是一个用逗号（,）隔开的数据列表，这些数据分别用于表示数组的各个元素的值。在下面的示例代码中，第一条语句创建了一个 Variant 的变量 A，第二条语句使用 Array 函数创建一个数组并将此数组赋给变量 A，最后一条语句则将该数组的第二个元素的值赋给另一个变量 B。

```
Dim A As Variant, B As Integer
A = Array(10, 20, 30)
B = A(2)
```

例 2.5：编写一个过程，用于生成如图 2.5 所示的课程表的行标题和列标题。

	A	B	C	D	E	F	G	H
1		星期一	星期二	星期三	星期四	星期五	星期六	星期日
2	上午							
3	下午							
4	晚上							
5								

图 2.5 课程表的行标题和列标题

```
Sub CalendarTitle()
    Dim A As Variant, B As Variant
    Dim i As Integer
    A = Array("星期一", "星期二", "星期三", "星期四", "星期五", "星期六", "星期日")
    B = Array("上午", "下午", "晚上")
    Range("B1:H1").Value = A
    For i = LBound(B) To UBound(B)
        Cells(2 + i, 1).Value = B(i)
    Next i
End Sub
```

2. LBound(arrayname)、UBound(arrayname)

以上 2 个函数均返回一个 Long 类型的数值，分别表示由参数 arrayname 指定的数组的元素下标下界和上界。许多时候，一个数组的元素下标的下界由 Option Base 语句决定。因此，为了方便程序代码的维护，在代码中使用 LBound 和 UBound 函数来分别获取数组元素下标的下界和上界是一个明智之举。如在例 2.5 中，引用 B 数组的元素时，就用到了 LBound 和 UBound 函数。

3. Split(expression[, delimiter])

将参数 expression 所代表的字符串以 delimiter 作为分隔符拆分成多个元素并将各个元素存储在一个数组中，返回的数组是以 Variant 存放的，同时，数组元素的下标是从 0 开始的。如果参数 delimiter 省略，则使用空格字符(" ")作为分隔符。例如，下面的示例代码将字符串“星期一，星期二，星期三，星期四，星期五，星期六，星期日”以“，”作为分隔符拆分成多个元素并存储在数组 sArray 中，最后将数组中的各个元素显示在“立即窗口”。

```
Dim sArray, sTmp
sArray = Split("星期一，星期二，星期三，星期四，星期五，星期六，星期日", "，")
For Each sTmp In sArray
    Debug.Print sTmp
Next
```

4. Join(sourcearray[, delimiter])

将数组 sourcearray 中的各个元素连接起来组成一个字符串，参数 delimiter 是返回字符串中用于分隔各个子字符串的字符，如果省略 delimiter，则使用空格(" ")来分隔子字符串，而如果 delimiter 是零长度的字符串("")，则数组中的所有元素直接连接在一起，中间没有分隔符。

2.6.6 输入输出函数

1. InputBox 函数

InputBox 函数也称为输入对话框，用来接收用户的键盘输入，并将输入信息返回给程序中的某变量或某对象的某属性。其语法格式如下：

```
<变量名> = InputBox(<提示信息>[, <对话框标题>] [, <默认值>])
```

InputBox 函数的运行效果如图 2.6 所示，其中各参数的含义如下：

- 提示信息：一个字符串表达式，在对话框中显示的提示文本。本参数为必选项，最大长度为 255 个字符，字符串中可插入 vbCrLf 常量或 Chr(13) + Chr(10)函数组合进行换行。
- 对话框标题：一个字符串表达式，在对话框的标题栏显示，若省略此项，则对话框使用工程的名称作为标题。
- 默认值：一个字符串表达式，在对话框的输入框中显示的默认文本，意即在执行 InputBox 函数后，如果用户未输入任何内容，则用此值作为默认的输入值。本参数可省略。

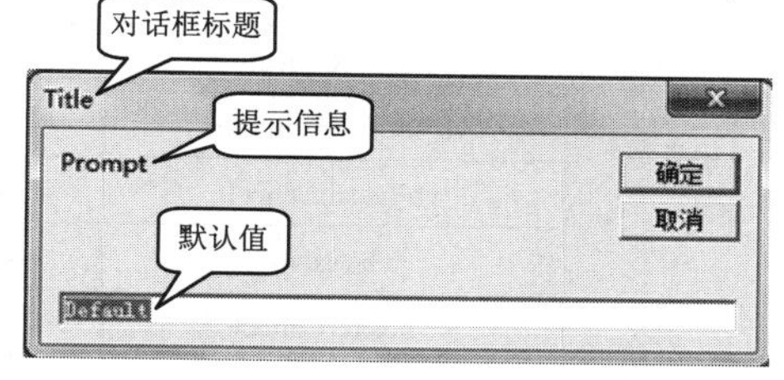

图 2.6　InputBox 函数对话框

注意：InputBox 函数的返回值为字符串类型，若要使用 InputBox 函数输入一个数值数据，通常需要用 Val 函数或类型转换函数（如 CInt、CSng 等）对返回值进行类型转换。

例 2.6：编写一个过程，通过 InputBox 函数从键盘输入一个圆的半径 R，然后计算该圆的周长 L 和面积 S 并分别在 A1 和 A2 单元格中输出。

```
Sub Test()
    Dim R, L, S
    Const PI = 3.14
```

```
    R = Val(InputBox("请输入半径 R：", "数据输入"))
    L = 2 * PI * R
    S = PI * R * R
    Range("A1").Value = "圆的周长 L 为：" & L
    Range("A2").Value = "圆的面积 S 为：" & S
End Sub
```

2. MsgBox 函数

MsgBox 函数也称为消息对话框，其生成为用户提供信息和选择的交互式对话框，并且当用户单击对话框中的某按钮时，可返回一个整数以表明用户单击了哪个按钮。MsgBox 函数的语法格式如下：

```
[<变量名> = ]MsgBox(<提示信息>[, <对话框类型>] [, <对话框标题>])
```

MsgBox 函数各参数的含义如下：

- <提示信息>：一个字符串表达式，作为显示在对话框中的信息。本参数为必选项，最大长度为 1024 个字符，当字符串在一行内显示不完时，系统会自动换行，也可以插入 vbCrLf 常量或 Chr(13) + Chr(10)函数组合进行强制换行。
- <对话框类型>：一个数值表达式或符号常量表达式，指定对话框中显示的按钮、图标样式及默认按钮等。该参数的值通常由“按钮类型”、“图标样式”和“默认按钮”3 个类别中各选一个常量或值相加产生，各类别的具体参数设置值和含义见表 2.9。

表 2.9　对话框类型参数设置值及含义

类　别	常　量	值	描　　述
按钮类型	vbOKOnly	0	只显示“确定”按钮
	vbOKCancel	1	显示“确定”及“取消”按钮
	vbAbortRetryIgnore	2	显示“终止”、“重试”及“忽略”按钮
	vbYesNoCancel	3	显示“是”、“否”及“取消”按钮
	vbYesNo	4	显示“是”及“否”按钮
	vbRetryCancel	5	显示“重试”及“取消”按钮
图标样式	vbCritical	16	显示 Critical Message 图标（ ）
	vbQuestion	32	显示 Warning Query 图标（ ）
	vbExclamation	48	显示 Warning Message 图标（ ）
	vbInformation	64	显示 Information Message 图标（ ）
默认按钮	vbDefaultButton1	0	第一个按钮是默认值
	vbDefaultButton2	256	第二个按钮是默认值
	vbDefaultButton3	512	第三个按钮是默认值
	vbDefaultButton4	768	第四个按钮是默认值

- <对话框标题>：一个字符串表达式，在对话框的标题栏显示，若省略此项，则对话框使用工程的名称作为标题。

在实际的程序运行中，许多时候用到的消息对话框是包含多个按钮的，如在用户选择退出系统时，程序会弹出如图 2.7 所示的对话框防止误操作的非正常退出。那么，系统是如何识别用户是单击了“是”还是“否”按钮的呢？

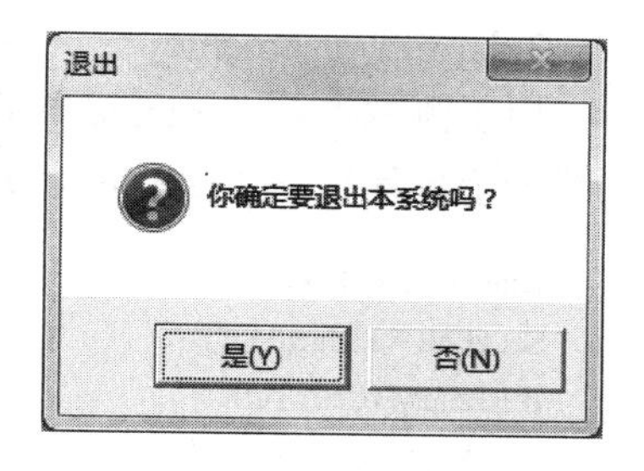

图 2.7　多按钮的消息框

其实，MsgBox 函数本身具有返回值用来表示用户单击了哪一个按钮，这个值是一个 Integer。当用户单击了消息框中的任何一个按钮后，消息框立即从屏幕上消失，但会用一个数值代表用户单击了哪个按钮并将此数值返回给 MsgBox 函数赋值符号左边的变量，程序只要根据此变量的值做不同的处理即可。例如，图 2.7 所示的对话框可用如下语句实现：

```
r = MsgBox("你确定要退出本系统吗？", vbQuestion + vbYesNo, "退出")
```

程序只要判断 r 的值，就可知道用户是单击了“是”按钮还是“否”按钮。在消息对话框中有 7 种按钮，MsgBox 函数分别用 1~7 中的整数来与这些按钮对应，具体见表 2.10。

表 2.10　MsgBox 函数的返回值

常数	值	用户单击的按钮	常数	值	用户单击的按钮
vbOK	1	【确定】按钮	vbIgnore	5	【忽略】按钮
vbCancel	2	【取消】按钮	vbYes	6	【是】按钮
vbAbort	3	【终止】按钮	vbNo	7	【否】按钮
vbRetry	4	【重试】按钮			

MsgBox 函数也可以写成语句形式，例如：

```
MsgBox "欢迎使用 Visual Basic for Applications ！"
```

图 2.8　没有返回值的 MsgBox 语句示例

该语句的执行结果如图 2.8 所示，也产生一个消息框，只是该语句没有返回值，常用于比较简单的信息提示。

2.6.7　测试类函数

1. IsArray(varname)

用于测试参数 varname 指定的变量是否为一个数组，如果变量是数组，则 IsArray 返回 True，否则返回 False。对于包含数组的 variant 来说，IsArray 尤为有用。下面的示例使用 IsArray 函数来检查变量是否为数组。

```
Dim MyCheck As Boolean
Dim MyArray(1 To 5) As Integer, YourArray    '声明数组变量
YourArray = Array(1, 2, 3)                   '使用数组函数
MyCheck = IsArray(MyArray)                   '返回 True
MyCheck = IsArray(YourArray)                 '返回 True
```

2. IsEmpty(varname)

用于测试参数 varname 指定的变量是否已经初始化。通常，可以借助 IsEmpty 函数来判断一个单元格是否是空的，如下代码所示。

```
Dim vCell As Range
Set vCell = Range("A1")
If IsEmpty(vCell) Then
    MsgBox "单元格为空！"
Else
    MsgBox "单元格非空！"
End If
```

3. IsNumeric(expression)

用于测试参数 expression 所代表的表达式的运算结果是否为数值，如果整个 expression 的运算结果为数值，则 IsNumeric 返回 True，否则返回 False。有时需要将一个单元格中的内容取出来参与某些数值运算，如果单元格中的内容不是数值，则有可能发生计算错误，因此事先用 IsNumeric 函数测试一下该单元格中的内容是否是数值其实是非常有必要的。

习 题 2

1．判断题

（1）VBA 预定义了丰富的数据类型，其中用于表示整数的主要有 Byte、Integer 和 Long 三种。 （ ）

（2）声明变量时，如果未声明它的数据类型，则默认为 Variant 型。 （ ）

（3）与其他的一般数据类型比，Variant 并没有占用更多的存储空间，因此在声明变量时，应该尽量将变量声明为 Variant 型。 （ ）

（4）定义符号常量时，必须指定符号常量的数据类型。 （ ）

（5）变量的命名是有规则的，有些字符不能出现在变量的名字当中，比如英文输入法半角状态下的下划线“_”。 （ ）

（6）在算术运算符中，整除“\”的优先级比求余“Mod”的高。 （ ）

（7）默认情况下，语句“Dim sStuName(2) As String”所声明的数组包含 2 个元素。 （ ）

（8）ReDim 语句会重新初始化数组，并销毁其中的任何数据，如果要保留数组中已有的数据，则应在 ReDim 语句的后面使用关键字 Preserve。 （ ）

（9）Set 语句主要用来将一个对象赋给已声明为对象的变量。 （ ）

（10）使用 With 语句，不仅可以节约代码量，还可以提高程序的执行效率。 （ ）

（11）当 Exit Do 用在嵌套的 Do...Loop 循环中时，在内存循环中的 Exit Do 语句能够直接退出所有的循环。 （ ）

（12）On Error Resume Next 语句可以使程序在发生运行时错误时，程序能够从导致错误发生的语句处继续执行下去。 （ ）

（13）因为语句“Mid("VBA Programming", 5)”少了一个参数，所以 VBA 在执行它时会产生错误。（ ）

（14）默认情况下，Weekday 函数是将星期日作为一个星期的第一天的。（ ）

（15）InputBox 函数的返回值为 String 类型，因此若要使用 InputBox 函数输入一个数值数据，通常需要使用类型转换函数对返回值进行转换。（ ）

2. 选择题

（1）下面________数据类型不属于数值型。

A．String　B．Integer　C．Long　D．Single

（2）下面________变量的命名是规范的。

A．For　B．iCnt_1　C．iNum#1　D．1X

（3）声明符号常量的关键词是________。

A．Static　B．Const　C．Dim　D．Private

（4）表达式“8 / 3 Mod 9 \ 4”的运行结果是________。

A．8　B．0　C．1　D．0.67

（5）Int(Rnd * 100)表示的是________范围内的整数。

A．[0, 100]　B．[1, 100]　C．[1, 99]　D．[0, 99]

（6）下列运算符中优先级最低的是________。

A．Not　B．And　C．Or　D．Mod

（7）默认情况下，下面声明的数组中，________包含的元素为 3 个。

A．Dim x(3) As Integer　B．Dim sName(2) As String

C．Dim gCnt(1 To 4) As Single　D．Dim iNum() As Integer

（8）数学式 Sin30°，在 VBA 中对应的表达式为________。

A．Sin(3.14 / 6)　B．Sin30

C．Sin(30)　D．Sin(3.14 / 3)

（9）将一数值 x 取整，且对小数部分进行四舍五入的表达式是________。

A．Int(x + 0.5)　B．Fix(x)

C．Sgn(x)　D．Fix(x) + 1

（10）用于去除一个字符串的前导空格和尾随空格的函数是________。

A．Mid　B．Trim　C．LTrim　D．RTrim

（11）下列各组函数中，函数返回值的数据类型相同的一组是________。

A．Exp(x)、Chr(x)、LCase(s)　B．Asc(s)、Str(x)、RTrim(s)

C．Sgn(x)、Int(x)、Len(s)　D．Fix(x)、Left(s, n)、UCase(s)

（12）设 s = "中华人民共和国"，表达式 Left(s, 1) + Right(s, 1) + Mid(s, 3, 2)的值为________。

A．"中华民国"　B．"中国人民"

C．"中共人民"　D．"人民共和"

（13）假设某数组的名字为 X，则下列________方法能够统计此数组包含的元素个数。

A．UBound(X)　B．UBound(X) + 1

C．UBound(X) − LBound(X) + 1　　　　D．UBound(X) − LBound(X)

（14）MsgBox 函数的返回值的数据类型是________。

A．String　　B．Single　　C．Long　　D．Integer

（15）判断变量 x、y 中有且只有一个为 0 的表达式，下面________是正确的。

A．x = 0 Or y = 0 And x * y <> 0　　　　B．x + y = 0 And x * y <> 0

C．x + y <> 0 And x * y = 0　　　　D．x = 0 And y <> 0

3. 设计题

（1）设计一个模拟小学四则运算的程序，界面设计如图 2.9 所示。分别在 B1 和 B2 单元格中输入运算数，单击对应的表单控件按钮时，在 B3 单元格输出对应的计算结果。

	A	B	C
1	数1：	10	加　减
2	数2：	20	
3	计算结果：	10 + 20 = 30	乘　除
4			

图 2.9　小学四则运算运行效果

（2）设计一个计算平均值的程序，界面设计如图 2.10 所示。单击“随机数”圆角矩形时，在 B1、B2 和 B3 单元格中分别生成一个[10, 99]之间的随机整数，单击“平均”圆角矩形时，在 B4 单元格输出前面 3 个随机数的平均值。

	A	B	C	D	E
1	数1：	73			
2	数2：	58	随机数	平均	
3	数3：	62			
4	平均值：	64.33334			
5					

图 2.10　计算平均值运行效果

（3）设计一个摄氏华氏温度转换的过程，通过。InputBox 函数输入一个摄氏温度，然后根据下面的转换公式计算出对应的华氏温度，并用消息框 MsgBox 函数输出。

华氏温度 = 9 / 5 * 摄氏温度 + 32

第3章 程序控制结构

程序一般是按照书写的顺序执行的，但有时需要按照不同的条件执行不同的操作，这就是流程控制。VBA 程序的流程控制同其他程序设计语言一样，包含 3 种最基本的程序控制结构：顺序结构、选择结构和循环结构。在顺序结构中，程序自上而下依次执行每一条语句；在选择结构中，程序判断某个条件是否成立，以决定执行哪部分代码；在循环结构中，程序判断某个条件是否成立，以决定是否重复执行某部分代码。本章就 3 种基本的程序控制结构分别介绍 VBA 的语句，最后介绍 2 个常用的算法。

3.1 顺序结构

顺序结构是最基本、最简单的结构，它由若干语句组成，按语句各块+的排列顺序自上而下顺序执行，其流程如图 3.1 所示，先执行操作语句 A，再执行操作语句 B，两者是顺序执行的关系，用户不能期待先执行语句 B，然后才执行语句 A。

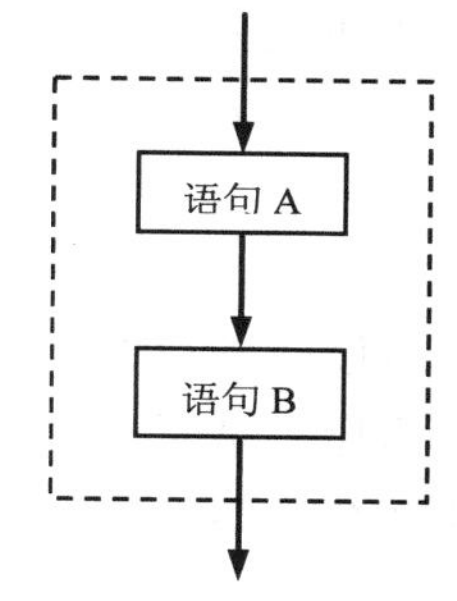

图 3.1 顺序结构流程图

顺序结构是一种线性结构，其特点是：在结构中，各语句按照各自出现的先后顺序，依次逐句执行。一个程序通常可以分为 3 个部分：输入、处理和输出，顺序结构通常体现在输入和输出部分。

例 3.1：编写一个过程，界面效果如图 3.2 所示，在 B1 单元格中输入一个球的半径 r，然后计算出球的体积 v，并把此值显示在 B2 单元格。

	A	B	C
1	球的半径r:	3	
2	球的体积v:	113.04	
3			
4			

图 3.2 计算球的体积

```
Sub Volume()
    Dim r As Single, v As Single
    Const Pi = 3.14
    r = Range("B1").Value
    v = 4 * Pi * r ^ 3 / 3
    Range("B2").Value = v
End Sub
```

在顺序结构中，尽管语句和语句之间是线性关系，但如果语句之间有一定的逻辑关系，则它们的位置不能任意调换，如例 3.1 中，语句“r = Range("B1").Value”和“v = 4 * Pi * r ^ 3 / 3”就不能调换，这是因为要想计算球的体积必须先已知球的半径。当然，有些时刻某些语句之间的顺序是可以调换的，如例 3.2。

例 3.2：编写一个过程，界面效果如图 3.3 所示，对于在 B1、B2 和 B3 单元格中输入的 3 个整数求平均值，并将计算结果显示在 B4 单元格。

```
Sub MyAverage()
    Dim x As Integer, y As Integer, z As Integer
    Dim ave As Single
    x = Range("B1").Value
    y = Range("B2").Value
    z = Range("B3").Value
    ave = (x + y + z) / 3
    Range("B4").Value = ave
End Sub
```

	A	B	C
1	第一个数：	10	
2	第二个数：	20	
3	第三个数：	30	
4	平均值：	20	
5			

图 3.3 计算三个数的平均数

在本例中，语句“x=Range("B1").Value”、“y=Range("B2").Value”和“z=Range("B3").Value”之间的位置是可以调换的，不会影响到程序的运行结果。

3.2 选择结构

在程序设计过程中，往往需要根据某些条件做出判断，决定选择哪些语句、执行或不执行某些语句，这时可以采用选择结构。选择结构也是一种常用的基本结构，是用来描述自然界和社会生活中分支现象的重要手段，其特性是“无论分支多寡，必择其一；纵然分支众多，仅选其一”。

对于选择结构，VBA 提供了 If 和 Select Case 两种语句，其中 If 语句灵活性更强，而 Select Case 语句在判断单个变量的多分支时使用更方便。

3.2.1 If…Then 语句

If…Then 语句有 3 种形式，分别为：单分支结构、双分支结构和多分支结构。

1. 单分支结构

单分支结构的 If…Then 语句有两种语法格式：一种是行结构形式，另一种是块结构形式。

行结构的语法为：

```
If <条件> Then <语句>
```

块结构的语法为：

```
If <条件> Then
    <语句块>
End If
```

它们的功能是：先计算<条件>的值，若<条件>的值为 True，则执行语句（语句块），否则不执行。其流程图如图 3.4 所示。

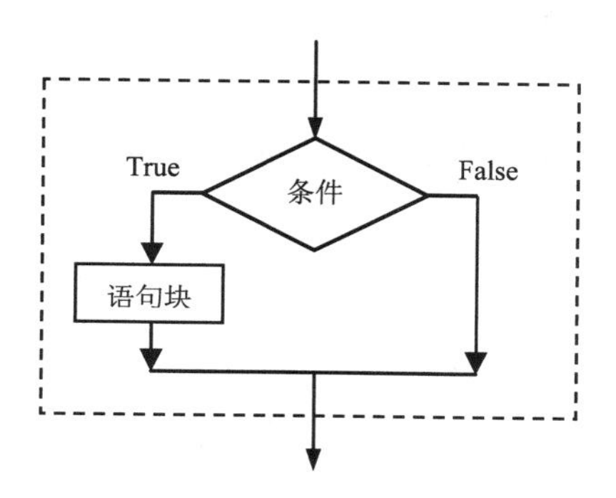

图 3.4 单分支结构流程图

例 3.3：编写一个过程，界面效果如图 3.5 所示，对于在 B1、B2 和 B3 单元格中输入的三个整数找出其中的最大数，并将结果显示在 B4 单元格。

```
Sub TheMax()
    Dim x As Integer, y As Integer, z As Integer, max As Integer
    x = Range("B1").Value
    y = Range("B2").Value
    z = Range("B3").Value
    max = x
    If y > max Then max = y
    If z > max Then max = z
    Range("B4").Value = max
End Sub
```

	A	B	C
1	第一个数：	10	
2	第二个数：	30	
3	第三个数：	20	
4	最大数：	30	
5			

图 3.5 计算三个整数中的最大数

本例的代码中，使用了行结构的 If 语句来实现最大数的计算，当然也可以使用块结构的 If 语句来实现，如下：

```
Sub TheMax()
    Dim x As Integer, y As Integer, z As Integer, max As Integer
    x = Range("B1").Value
    y = Range("B2").Value
    z = Range("B3").Value
    max = x
    If y > max Then
        max = y
    End If
    If z > max Then
        max = z
    End If
    Range("B4").Value = max
End Sub
```

在行结构的 If 语句中，操作语句是写在 Then 关键词之后的同一行的，而块结构中操作语句是写在条件判断行的下一行，并且此处可以编写多行操作语句，但最后必须使用 End If 语句结束 If 结构的范围。

2. 双分支结构

双分支结构的 If…Then 语句类似于单分支的 If…Then 语句，也有两种语法格式：行结构形式和块结构形式。

行结构的语法为：

```
If  <条件>  Then  <语句1>  Else  <语句2>
```

块结构的语法为：

```
If  <条件>  Then
        <语句块 1>
Else
        <语句块 2>
End If
```

它们的功能是：先计算<条件>的值，若<条件>的值为 True，则执行语句 1（语句块 1），否则执行语句 2（语句块 2）。其流程图如图 3.6 所示。

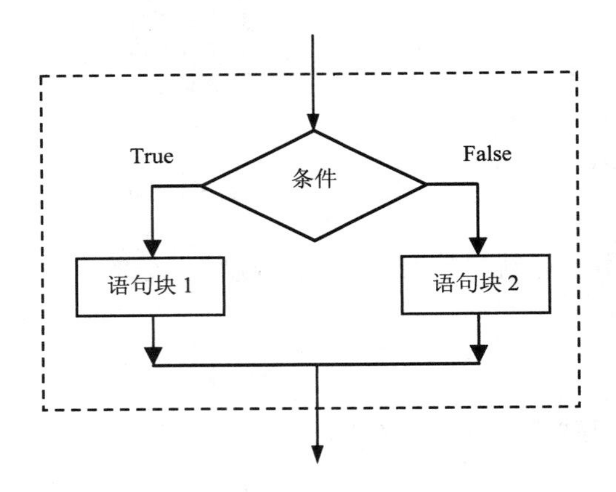

图 3.6　双分支结构流程图

例 3.4：编写一个过程，界面效果如图 3.7 所示，对在 A2 单元格中输入的整数进行奇偶数判断，如果是奇数则在 B2 单元格写入 TRUE，否则写入 FALSE。

	A	B	C
1	任意整数	是否奇数	
2	53	TRUE	
3			

图 3.7　奇偶数判断

```
Sub Odd()
    Dim x As Integer, b As Boolean
    x = Range("A2").Value
    If x Mod 2 = 1 Then b = True Else b = False
    Range("B2").Value = b
End Sub
```

本例中，使用了行结构的If语句实现程序功能。对于条件成立与否程序所要执行的操作语句都是单条语句的情形，其实还可以使用VBA提供的IIF函数来实现，IIF函数与Excel工作表函数IF相似，有3个输入参数：第1个参数是逻辑判断，第2个是判断结果为真时执行的表达式，第3个是判断结果为假时执行的表达式。用IIF函数实现本例的代码如下：

```
Sub Odd()
    Dim x As Integer, b As Boolean
    x = Range("A2").Value
    b = IIf(x Mod 2 = 1, True, False)
    Range("B2").Value = b
End Sub
```

例 3.5：编写一个过程，在A1单元格随机生成一个[10, 99]之间的整数，然后判断此数是否大于50，若是则将A1单元格设置为字形加粗、红色字的格式，若不是则将A1单元格设置为字形倾斜、黄色底纹的格式。

```
Sub Test()
    Dim x As Integer
    Randomize
    x = Int(Rnd() * 90) + 10
    Range("A1").Clear
    Range("A1").Value = x
    If x > 50 Then
        Range("A1").Font.Color = vbRed
        Range("A1").Font.Bold = True
    Else
        Range("A1").Interior.Color = vbYellow
        Range("A1").Font.Italic = True
    End If
End Sub
```

语句“Range("A1").Clear”用来清除A1单元格的格式和内容。本例使用了块结构的If语句实现程序的功能，块结构的好处是方便编写多行的操作语句。如本例中不管“x>50”条件是否成立，程序都执行了两条语句。在块结构中，一定要记得用End If语句来结束If结构的控制范围。

3. 多分支结构

在实际应用时，许多问题的决策条件会比较复杂，此时就会用到多分支的控制结构。使用If语句来实现多分支的结构有两种途径：使用嵌套结构和利用ElseIf语句。

所谓If语句的嵌套结构，是指在If语句的操作语句块中又包含一个If语句，它的一般形式如下：

```
If <条件1> Then
    If <条件2> Then
        <语句块1>
```

```
        Else
            <语句块 2>
        End If
    Else
        If  <条件 3>  Then
            <语句块 3>
        Else
            <语句块 4>
        End If
    End If
```

以上嵌套结构的流程如图 3.8 所示，它的思想是先把一个问题大致分成两种情况，再对每一种情况细分解决。例如，判断学生立定跳远的成绩是否达到国家体育锻炼标准，可以先将学生按照性别分成两类，然后在男生和女生中分别根据国家标准判断学生的成绩是否合格。

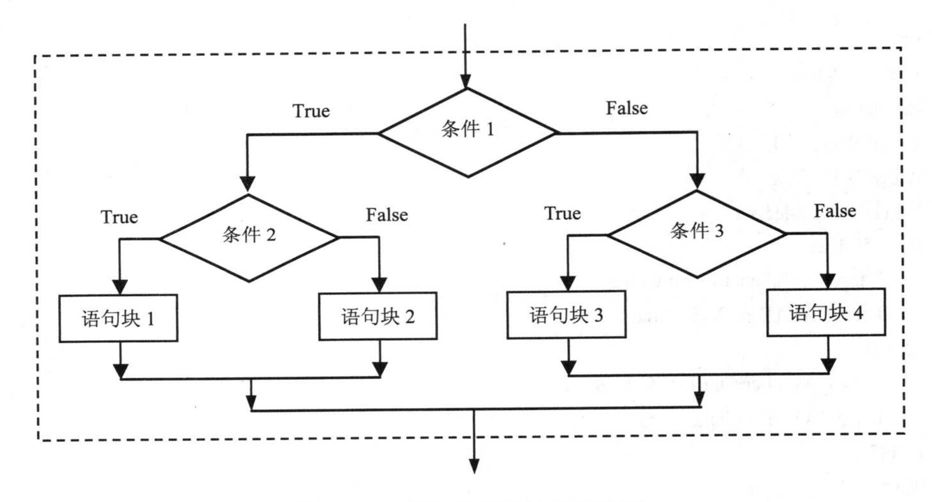

图 3.8 If 语句的嵌套结构流程图

例 3.6：如图 3.9 所示，D2 单元格中是一位学生的考试成绩，编写一个过程将此学生的百分制成绩转换成等级制，若百分制成绩>=85，则为“优秀”，若 85>百分制成绩>=60，则为“合格”，否则为“不合格”，并将结果写入 E2 单元格。

	A	B	C	D	E
1	学号	姓名	性别	百分制成绩	等级制成绩
2	20131101	刘胜男	女	82	
3					

图 3.9 将百分制成绩转换成等级制

```
Sub Convert()
    Dim x As Single, y As String
    x = Range("D2").Value
    If x >= 85 Then
```

```
            y = "优秀"
        Else
            If x >= 60 Then
                y = "合格"
            Else
                y = "不合格"
            End If
        End If
        Range("E2").Value = y
End Sub
```

本例首先将成绩分成两大类："优秀"和"非优秀"，然后在"非优秀"中再判断成绩是属于"合格"还是"不合格"。这种方式顺利地解决了多分支的问题，不过当分支情况较多时，这种结构也会存在一些问题，即嵌套的层数太多时，程序的可读性比较差，这时可以借助 ElseIf 语句来解决问题。ElseIf 语句的一般形式如下：

```
If  <条件 1>  Then
    <语句块 1>
ElseIf  <条件 2>  Then
    <语句块 2>
……
ElseIf  <条件 n>  Then
    <语句块 n>
Else
    <语句块 n + 1>
End If
```

在写 ElseIf 语句时，切记 ElseIf 是一个合成单词，不要将它写成了 Else If。ElseIf 语句的流程图如图 3.10 所示。它的处理过程是：先判断条件 1，如果条件 1 成立，则执行语句块 1 并结束整个 If 语句的执行；否则判断条件 2，……。最后的 Else 处理前述条件都不满足的情况，即条件 1、条件 2、……、条件 n 都不成立，这时执行"语句块 n+1"。

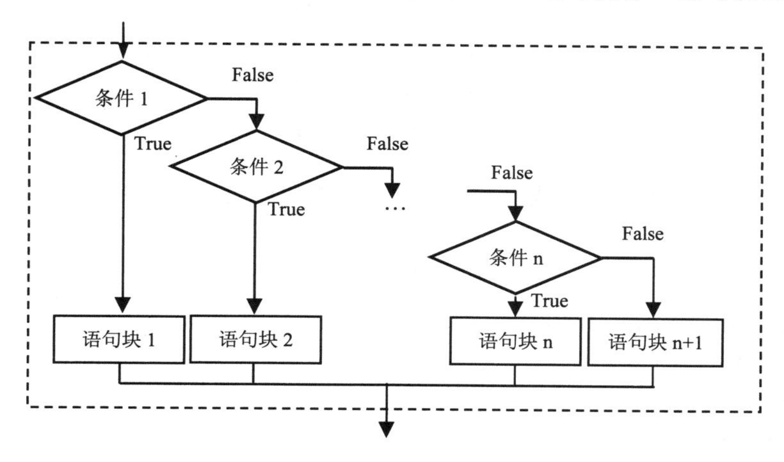

图 3.10　ElseIf 语句的结构流程图

ElseIf 语句由嵌套结构的 If 语句演化而来，但在分支较多的情况下，它的可读性更强，能更高效、更简洁地表达多分支选择结构。对于例 3.6，使用 ElseIf 语句来实现的代码如下：

```
Sub Convert()
    Dim x As Single, y As String
    x = Range("D2").Value
    If x >= 85 Then
        y = "优秀"
    ElseIf x >= 60 Then
        y = "合格"
    Else
        y = "不合格"
    End If
    Range("E2").Value = y
End Sub
```

例 3.7：某商场推出购物优惠活动，若顾客所选商品的总金额在 3000 元以上，享受 7 折优惠；若购物总金额在 2000～3000 元，享受 8 折优惠；若购物总金额在 1000～2000 元，享受 9 折优惠；购物总金额在 1000 元以下，不享受优惠。程序的界面效果如图 3.11 所示，试编写一个过程，对于在 B1 单元格中输入的顾客购物总金额，单击“计算”按钮时计算出顾客的实付金额并填入 B2 单元格。

	A	B	C	D
1	顾客的购物总金额：	4578.00	计算	
2	顾客的实付金额：	3204.60		
3				

图 3.11　计算顾客实付金额

对于本例，可以设变量 x 表示顾客的购物总金额，变量 y 表示顾客的实付金额，那么可以列出下列分段函数表示购物总金额 x 和实付金额 y 之间的关系：

$$y=\begin{cases} x & x<1000 \\ 0.9x & 1000\leqslant x<2000 \\ 0.8x & 2000\leqslant x<3000 \\ 0.7x & x\geqslant 3000 \end{cases}$$

分段函数是一种典型的多分支结构，这类题非常适合使用 ElseIf 语句来实现，程序代码如下：

```
Sub RealPrice()
    Dim x As Single, y As Single
    x = Range("B1").Value
    If x >= 3000 Then
        y = x * 0.7
    ElseIf x >= 2000 Then
```

```
        y = x * 0.8
    ElseIf x >= 1000 Then
        y = x * 0.9
    Else
        y = x
    End If
    Range("B2").Value = y
End Sub
```

本例中的“计算”按钮，其实是一个“形状”中的“圆角矩形”。如果希望在单击“计算”按钮时执行 RealPrice 过程，在具体实现时还应为“计算”圆角矩形指定 RealPrice 宏。

3.2.2 Select Case 语句

在程序设计中，所有依据条件做出判定的问题，都可以用前面所介绍的不同类型的 If 语句来解决。不过，在用 If … Then … Else 语句处理多个条件的判定问题时，组成条件的表达式在每一个 ElseIf 中都要计算一次，显得繁琐。

VBA 提供了情况选择结构，即 Select Case 语句，对于某些多重选择情况，用它可能比用 If … Then … Else 会使程序代码更加简捷、易读。其一般格式为：

```
Select Case   <测试表达式>
    Case   <表达式列表 1>
        <语句块 1>
    Case   <表达式列表 2>
        <语句块 2>
    ……
    Case   <表达式列表 n>
        <语句块 n>
    Case Else
        <语句块 n + 1>
End Select
```

其中：

（1）测试表达式：即测试对象，通常为数值表达式或字符串表达式。

（2）表达式列表：用于与测试表达式进行比较的表达式，主要有 3 种格式：①单个表达式（单值），如果是多个单值，则各单值之间用逗号“,”隔开；②用“表达式 To 表达式”形式指定的一个范围（多值）；③用符号“Is”表示测试表达式的值与其他表达式的比较关系。例如：

```
Case 2              '测试表达式的值是 2
Case 1, 3, 5, 7, 9  '测试表达式的值是 1、3、5、7 或 9
Case 10 To 50       '测试表达式的值大于等于 10 且小于等于 50
Case Is > 50        '测试表达式的值大于 50
```

可以在每个 Case 子句中使用多重表达式或使用范围，例如，下面的语句是正确的：

```
Case 1 To 4, 7 To 9, 11, 13, Is > MaxNumber
```

（3）执行流程是：自上而下顺序地判断测试表达式的值与表达式列表中的哪一个匹配，如有匹配则执行相应语句块，然后转到 End Select 的下一语句；若所有的值都不匹配，则执行 Case Else 所对应的语句块，如省略 Case Else，则直接转移到 End Select 的下一语句。情况选择结构的执行流程如图 3.12 所示。

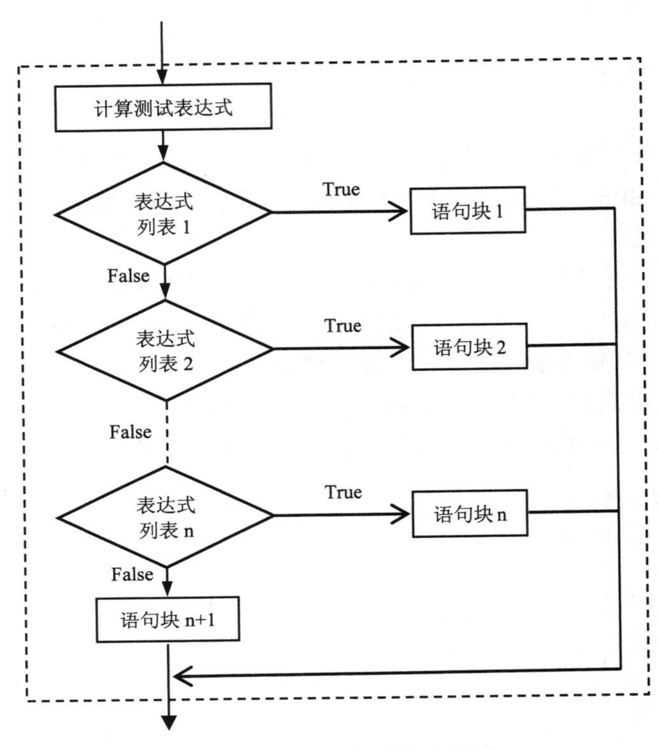

图 3.12 情况选择结构流程图

对于例 3.7 的需求，也可以使用 Select Case 语句来实现，其程序代码如下：

```
Sub RealPrice()
    Dim x As Single, y As Single
    x = Range("B1").Value
    Select Case x
        Case Is >= 3000
            y = x * 0.7
        Case Is >= 2000
            y = x * 0.8
        Case Is >= 1000
            y = x * 0.9
        Case Else
            y = x
    End Select
    Range("B2").Value = y
End Sub
```

从本代码中，可以看出测试表达式 x 不用出现在每一个情况判断语句里面，只要出现在 Select Case 语句之后即可，这种方式的好处是，不用在每一个条件判断语句里面重复计算测试表达式的值，尤其在测试表达式是一个复杂计算式时，其相对 ElseIf 语句的优势更加明显。在本段代码中，每一个情况选择语句都是采用“Is”关键字来实现测试表达式的值的比较，其实这里某些情况选择语句也可以使用“表达式 To 表达式”的形式来实现，如下：

```
Sub RealPrice()
    Dim x As Single, y As Single
    x = Range("B1").Value
    Select Case x
        Case Is >= 3000
            y = x * 0.7
        Case 2000 To 3000
            y = x * 0.8
        Case 1000 To 2000
            y = x * 0.9
        Case Else
            y = x
    End Select
    Range("B2").Value = y
End Sub
```

在本段代码中，粗看“Case 2000 To 3000”语句，似乎是把 3000 元的购物金额也考虑进来了，但从情况选择结构的执行流程中可知，对于顾客的购物金额是 3000 元的情况，它会先满足上一处“Case Is >= 3000”的条件，即程序会选择语句“y = x * 0.7”来计算，而不会再选择语句“y = x * 0.8”来计算。同理，对“Case 1000 To 2000”语句的执行情况也是相同。

例 3.8：程序运行的界面效果如图 3.13 所示，试编写一个过程，对于在 B1 单元格中输入的一个年份和在 B2 单元格中输入的一个月份，判断该年该月有几天，并将结果输出在 B3 单元格。

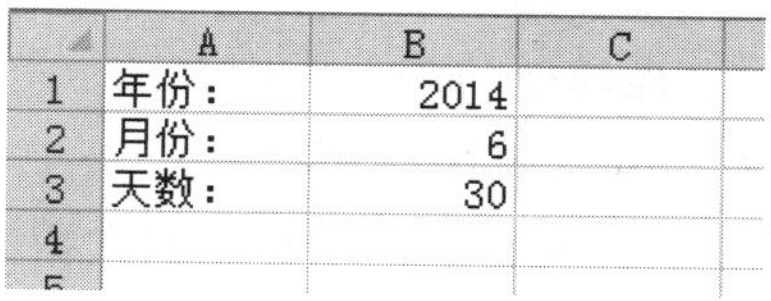

	A	B	C
1	年份：	2014	
2	月份：	6	
3	天数：	30	
4			
5			

图 3.13 某年某月的天数判断

对于本例，可设 x 表示要判断的年份，y 表示要判断的月份，z 表示 x 年 y 月所拥有的天数。根据常识，1 月、3 月、5 月、7 月、8 月、10 月和 12 月的天数均为 31 天，4 月、6 月、9 月和 11 月的天数均为 30 天，而 2 月则需判断所在年份是否为闰年，闰年则为 29 天，平年则为 28 天，其中闰年的判断条件为：能被 4 整数但不能被 100 整除，或者能被 400 整除。由此，可以将其看成是一个三分支而其中一个分支嵌套了两个分支的问题，使用 Select Case 语句来测试月份 y 的情况，使用 If...Then 语句来判断平闰年，程序代码如下：

```
Sub Days()
    Dim x As Integer, y As Integer, z As Integer
```

```
    x = Range("B1").Value
    y = Range("B2").Value
    Select Case y
        Case 1, 3, 5, 7, 8, 10, 12
            z = 31
        Case 4, 6, 9, 11
            z = 30
        Case Else
            If x Mod 4 = 0 And x Mod 100 <> 0 Or x Mod 400 = 0 Then
                z = 29
            Else
                z = 28
            End If
    End Select
    Range("B3").Value = z
End Sub
```

3.3 循 环 结 构

在解决一个问题时，常常需要重复一些相同或相似的操作，对于这类操作在程序设计时就可以采用循环结构来控制，循环结构也是程序设计中最能发挥计算机特长的程序结构。在 VBA 中主要有两种语句来控制程序代码的反复循环，它们是 For…Next 语句和 Do…Loop 语句。

For…Next 语句适用于可提前预知循环次数的情形，例如，输入部门里 10 个员工的科研经费；Do…Loop 语句适用于当逻辑条件满足时终止循环的情形，例如，将一个十进制数转换成二进制数。

对于 For…Next 语句，它在 VBA 中还有一种变形，即 For Each …Next 语句，其非常适合用于处理一个集合中的所有对象。例如，可使用该循环处理数据区域内的所有单元格或者工作簿中的所有工作表。

3.3.1 For…Next 语句

For…Next 语句以指定的次数来重复执行一组语句，它有一个内置的计数器，在执行每次循环后自动增加，循环终止的条件是计数器超过预设值。语法如下：

```
For <循环变量> = <初值> To <终值> [Step <步长>]
    循环体
    [Exit For]
    循环体
Next [<循环变量>]
```

说明：

（1）循环变量：用于统计循环次数的计数器，该变量的数据类型为数值型。

（2）初值：用于设置循环变量的初始取值。

（3）终值：用于设置循环变量的最终取值。

（4）步长：用于决定循环变量每次增加的值，即计数器的增量，如果没有指定，则默认为 1。步长可以是正数也可以是负数，如果步长为正数，则当循环变量的值小于等于终值时执行循环体；如果步长为负数，则当循环变量的值大于等于终值时执行循环体。

（5）循环体：需要重复执行的部分。

（6）Exit For：在某些情况下，需要中途退出 For 循环时使用。

（7）Next：相当于“循环变量=循环变量+步长”，即表示结束了一次的循环，使统计循环次数的计数器加上一个增量，交由计算机判断计数器的值是否超过终值并决定是否进行下一次的循环。Next 语句之后的循环变量可以省略，不影响程序的意义。

For…Next 循环结构的流程图如图 3.14 所示。

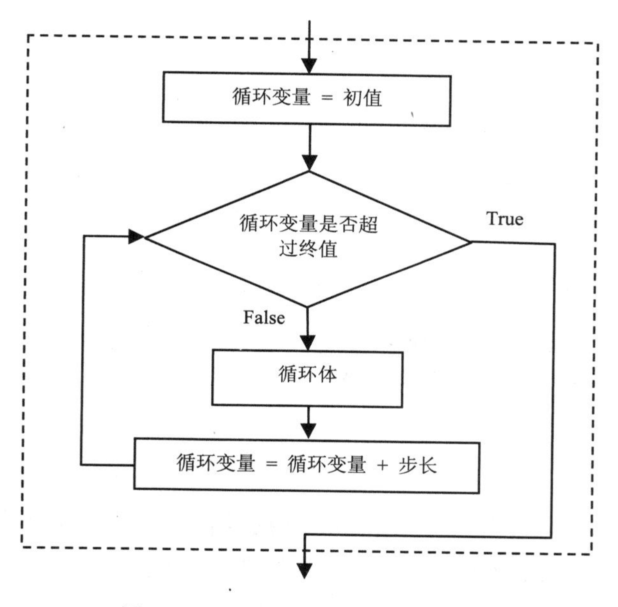

图 3.14　For…Next 循环结构流程图

例 3.9：程序的运行效果如图 3.15 所示。单击“随机数”圆角矩形时，产生 10 个两位随机正整数并写入 A1:A10 区域各单元格；单击“标记偶数”圆角矩形时，将 A1:A10 区域中偶数所在的单元格设置为黄色底纹、红色字格式。

	A	B	C	D	E
1	79				
2	24				
3	82		随机数		
4	45				
5	29				
6	50		标记偶数		
7	40				
8	81				
9	35				
10	75				

图 3.15　产生随机数并标记偶数

假设 x 为[10, 99]之间的一个随机数，则生成 x 的语句为：x = Int(Rnd() * 90) + 10，本例要求生成 10 个随机数，意即语句“x = Int(Rnd() * 90) + 10”要重复 10 遍，同时将每一个随机数放在不同的单元格也是一个重复的相似操作。同理，判断 A1:A10 区域每一个单元格中的数是否偶数也是些重复性的操作，因此这些操作非常适合使用 For...Next 语句来控制。假设“随机数”圆角矩形对应的过程名为 GenerateData，“标记偶数”圆角矩形对应的过程名为 TheEven，则程序代码如下：

```
Sub GenerateData()
    Dim i As Integer, x As Integer
    Randomize
    For i = 1 To 10
        x = Int(Rnd() * 90) + 10
        Cells(i, 1) = x
    Next
End Sub
Sub TheEven()
    Dim i As Integer, x As Integer
    For i = 1 To 10
        x = Range("A" & i).Value
        If x Mod 2 = 0 Then
            Range("A" & i).Font.Color = vbRed
            Range("A" & i).Interior.Color = vbYellow
        End If
    Next
End Sub
```

可以将 For...Next 循环放置在另一个 For...Next 循环中，组成嵌套循环。不过在每个循环中，循环变量要使用不同的名称，例如，下面的代码是正确的：

```
For i = 1 To 12
    For j = 1 To 60
        For k = 1 To 60
            s = s + 1
        Next k
    Next j
Next i
```

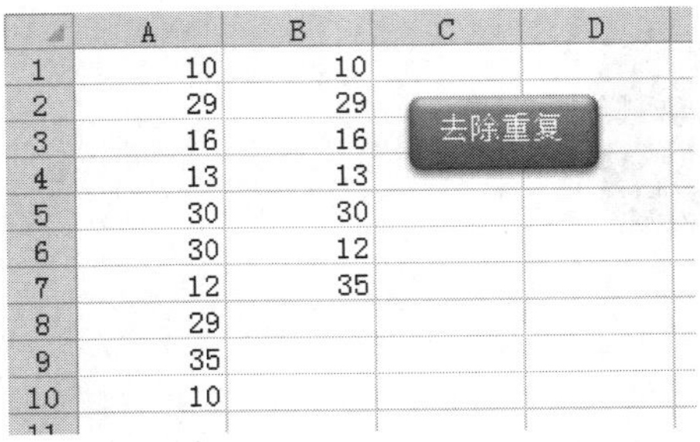

	A	B	C	D
1	10	10		
2	29	29		
3	16	16		
4	13	13		
5	30	30		
6	30	12		
7	12	35		
8	29			
9	35			
10	10			

去除重复

图 3.16 保留各数的唯一副本

注意：在 For…Next 循环中，循环变量尽量不要使用 Variant 类型，应使用数值型，如 Long。相对 Variant 类型，使用 Long 型的循环变量可以使程序提高 0.5 倍以上的运行效率。

例 3.10：程序的运行效果如图 3.16 所示。在 A1:A10 区域中存在着 10 个数，单击“去除重复”圆角矩形时，在 B 列中依次列出 A 列各数的唯一副本。

本例的题意是在B列中依次列出A列中已有的各数，但A列中的某些数如果是重复出现的，则B列中只会将其列出一次。本题的基本解决思路可以这样：首先将A1单元格中的数放在B1单元格中，然后依次取出A列各单元格中的数，判断它是否在B列已写了数的单元格中，若已经存在，则取A列的下一个数，若不存在，则将此数写在B列已有数的下一个单元格，如此反复。假设“去除重复”圆角矩形对应的过程名为NoRepeat，则程序代码如下：

```
Sub NoRepeat()
    Dim i As Integer, j As Integer, x As Integer, y As Integer, n As Integer
    '先把A1单元格的数复制到B1单元格
    Range("B1").Value = Range("A1").Value
    n = 1        'n用来表示B列已有数的个数
    For i = 2 To 10
        '取出A列中的第i个数
        x = Range("A" & i).Value
        For j = 1 To n
            '取出B列中的第j个数
            y = Range("B" & j).Value
            If x = y Then Exit For
        Next j
        '如果j超过n，则说明B列已有的数中没有x
        If j > n Then
            n = n + 1
            Range("B" & n).Value = x
        End If
    Next i
End Sub
```

3.3.2 For Each...Next 语句

For Each…Next 语句用于针对一个数组或一个集合中的每一个元素重复执行一组代码。语法格式如下：

```
For Each <元素> In <集合>
    [代码段]
    [Exit For]
    [代码段]
Next [元素]
```

其中，<元素>是用来遍历集合或数组中各个元素的变量。对于集合来说，<元素>可能是一个Variant变量或一个对象变量；对于数组而言，<元素>只能是一个Variant变量。

对于例3.9的需求，数据区域A1:A10其实是由多个单元格组成的一个集合，因此它也可以使用For Each…Next循环语句来实现，程序代码如下：

```
Sub GenerateData()
    Dim c As Range, x As Integer
    Randomize
```

```
    For Each c In Range("A1:A10").Cells
        x = Int(Rnd() * 90) + 10
        c.Value = x
    Next
End Sub
Sub TheEven()
    Dim c As Range, x As Integer
    For Each c In Range("A1:A10").Cells
        x = c.Value
        If x Mod 2 = 0 Then
            c.Font.Color = vbRed
            c.Interior.Color = vbYellow
        End If
    Next
End Sub
```

在本代码中，变量 c 表示的是 A1:A10 区域中的每一个单元格，它可以声明为 Variant 类型，但为了便于在编写代码过程中能让计算机自动弹出单元格对象的成员列表，建议将其声明为 Range 型。

例 3.11：程序的运行效果如图 3.17 所示。单击“标记女职工”圆角矩形时，将数据区域中女职工所在的记录行设置为字形加粗、倾斜的格式。

	A	B	C	D	E	F
1	工号	姓名	性别	薪水		
2	1001	徐强	男	2800		
3	1002	刘明	男	2700		
4	1003	金泉	男	3000		
5	***1004***	***范袁帆***	***女***	***2400***		
6	1005	何炅	男	3500		
7	***1006***	***孙琦***	***女***	***3100***		
8	***1007***	***方珊珊***	***女***	***2300***		
9	***1008***	***许敏***	***女***	***3800***		
10	***1009***	***郑晓萍***	***女***	***3200***		
11	1010	林爽	男	3800		
12	1011	鲍添添	男	3300		
13	1012	黄志源	男	2800		
14	***1013***	***付春春***	***女***	***3000***		
15	***1014***	***蓝琴琴***	***女***	***2500***		
16	***1015***	***胡天***	***女***	***2700***		

标记女职工

图 3.17　突出显示女职工记录

数据区域 A2:D16 可以看成是由多个数据行组成的集合，那么题目的意思就可以理解为：遍历这个集合中每一个行数据的第三个单元格，判断它的值是“男”还是“女”，如果是“女”，则用“加粗、倾斜”的字体格式突出标记此行数据。假设“标记女职工”圆角矩形对应的过程名为 TheFemale，则该过程的代码如下：

```
Sub TheFemale()
    Dim vRow As Range
    For Each vRow In Range("A2:D16").Rows
        If vRow.Columns(3).Value = "女" Then
```

```
            vRow.Font.Bold = True
            vRow.Font.Italic = True
        End If
    Next
End Sub
```

这里，变量 vRow 代表的是数据区域 A2:D16 中的每一行。也许有读者会奇怪，上一例中，变量 c 的类型是 Range，这里的 vRow 的类型也是 Range，为什么上例中的 c 代表的是一个单元格，而这边 vRow 就代表一个行了呢？其实，对于 Range 型的变量来说，它本身既可以代表一个单元格，也可以代表一行，还可以代表一列，甚至还可以代表整个数据区域，具体代表什么对象是由代码中的相关描述来决定的，例如本例中的<集合>是：Range("A2:D16").Rows，而上例中的<集合>是：Range("A1:A10").Cells，所以在编译时计算机会把本例中的 vRow 理解成一行，而上例中的 c 会被理解成一个单元格。

在对集合进行循环时，使用 For Each…Next 循环要比 For…Next 循环的速度快 1/3 以上，并且很多时候其书写的程序代码也更简洁，因此，应尽量对集合对象使用 For Each…Next 循环。例如，希望生成 20 个[10, 90]之间的随机数，并将它们放在 A1:E4 数据区域中，如果采用 For…Next 循环语句来实现的话，与原来在一列上产生随机数只要单层循环不同，其必须要用循环嵌套来实现，代码为：

```
For i = 1 To 4
    For j = 1 To 5
        Cells(i, j) = Int(Rnd() * 90) + 10
    Next j
Next i
```

涉及到循环的嵌套时，程序的执行效率自然就会受到影响，代码的可读性也会减弱。如果使用 For Each…Next 循环语句来实现的话，我们感受不到它与原来在一列上产生随机数时有什么大的区别，如下：

```
For Each c In Range("A1:E4").Cells
    c.Value = Int(Rnd() * 90) + 10
Next
```

对于数组，For Each…Next 循环的速度优势不大，不过还是可以快 10%左右。需要注意的是，使用 For Each…Next 循环遍历数组成员时，<元素>必须为 Variant 型。下列代码演示先产生一个包含 10 个元素的数组，然后将数组中的每一个成员用消息框显示出来。

```
Sub Test()
    Dim x(9) As Integer, y
    Dim i As Integer
    For i = 0 To 9
        x(i) = Int(Rnd * 90 + 10)
    Next i
    For Each y In x
```

```
        MsgBox y
    Next
End Sub
```

3.3.3 Do…Loop 语句

Do…Loop 循环语句，是格式变化最丰富，使用最灵活的一种循环控制语句。可以使用 While 关键字或 Until 关键字来修饰循环条件，并且循环条件可以放在 Do 关键字或 Loop 关键字之后，这样 Do…Loop 语句就有了 4 种不同的格式。利用 While 关键字实现的循环称为“当型循环”，利用 Until 关键字实现的循环则称为“直到型循环”。

1. 当型循环

当型循环语句用于在循环条件成立时执行循环体，否则退出循环。因为 While 关键字可以放在 Do 之后，也可以放在 Loop 之后，因此它有两种书写格式。

（1）格式 1：

```
Do While <循环条件>
    循环体
    [Exit Do]
    循环体
Loop
```

（2）格式 2：

```
Do
    循环体
    [Exit Do]
    循环体
Loop While <循环条件>
```

这两种 Do 循环语句的流程图分别如图 3.18 和图 3.19 所示。

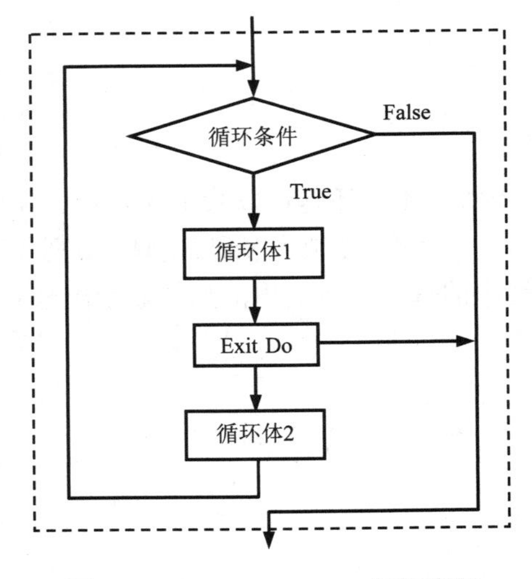

图 3.18 Do While…Loop 语句流程

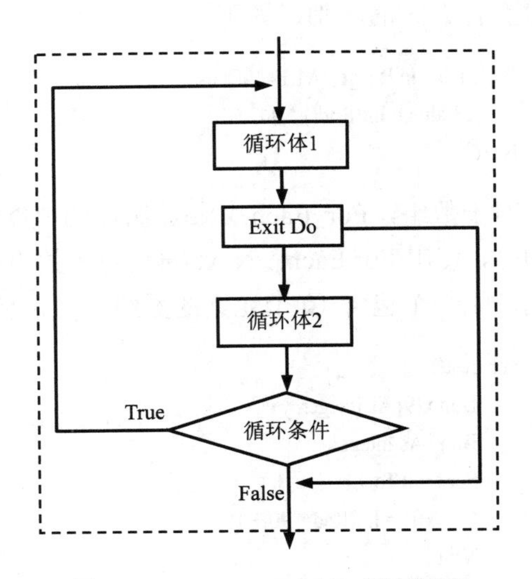

图 3.19 Do…Loop While 语句流程

格式 1 称为前测型循环语句，格式 2 称为后测型循环语句。这两种格式的区别在于判断条件的先后次序不同。格式 1 是先进行条件判断，如果一开始循环条件的判断结果就为 False，则直接跳过循环，即循环体一次也不会被执行；而格式 2 是先执行循环体再做循环条件的判断，因此它的循环体将至少被执行一次。这两种格式均可以使用 Exit Do 语句提前结束循环。

例 3.12：程序的运行效果如图 3.20 所示。构造一个子过程，使工作表中的数据区域每隔一行加上阴影以便阅读。

	A	B	C	D	E	F	G	H	I	J	K	L	M	N
1		一月	二月	三月	四月	五月	六月	七月	八月	九月	十月	十一月	十二月	
2	产品1													
3	产品2													
4	产品3													
5	产品4													
6	产品5													
7	产品6													
8	产品7													
9	产品8													
10	产品9													
11	产品10													
12														

图 3.20　给数据表隔行加上阴影

子过程只是将阴影应用到包含数据的表格，因此它必须能判断 A 列中的单元格是否为空，如果为空，则表示应用完毕。假设构造的子过程的名称为 ShadeEverySecondRow，则程序可编写如下：

```
Sub ShadeEverySecondRow()
    Range("A2").EntireRow.Select
    Do While ActiveCell.Value < > ""
        Selection.Interior.ColorIndex = 15
        ActiveCell.Offset(2, 0).EntireRow.Select
    Loop
End Sub
```

本过程从第 2 行开始选择。当选择整行后，最左边的单元格（在 A 列中）成为活动单元格，当活动单元格的 Value 属性不是零长度的字符串，即非空时，重复执行 Do 和 Loop 语句之间的代码。在循环中，该过程将所选单元格的内部颜色索引号设置为 15，即灰色，然后，选择活动单元格下面的第二行。当所选行 A 列上的单元格为空时，While 条件不再为 True，循环终止。程序段中的“While ActiveCell.Value < > ""”语句放在关键字 Do 的后面而不是 Loop 的后面是比较合理的，因为 A2 单元格可能就是空的。

例 3.13：构造一个子过程，让用户通过 InputBox 函数输入一个正偶数，当用户输入的数小于等于零或为奇数时，要求其重新输入。

```
Sub InputEven()
    Dim x As Integer
    Do
        x = Val(InputBox("请输入一个正偶数："))
```

```
    Loop While x <= 0 Or x Mod 2 = 1
End Sub
```

本过程中，x 用于表示输入的数，x 是否满足需要（正偶数），必须将 x 输入以后才能判断，因此语句“While x <= 0 Or x Mod 2 = 1”放在关键词 Loop 的后面而不是 Do 的后面更合理。

2. 直到型循环

直到型循环语句用于在循环条件成立之前（即循环条件不成立时）执行循环体，否则退出循环。与当型循环语句相似，它也有两种书写格式。

（1）格式 1：

```
Do Until <循环条件>
    循环体
    [Exit Do]
    循环体
Loop
```

（2）格式 2：

```
Do
    循环体
    [Exit Do]
    循环体
Loop Until <循环条件>
```

这两种 Do 循环语句的流程图分别如图 3.21 和图 3.22 所示。

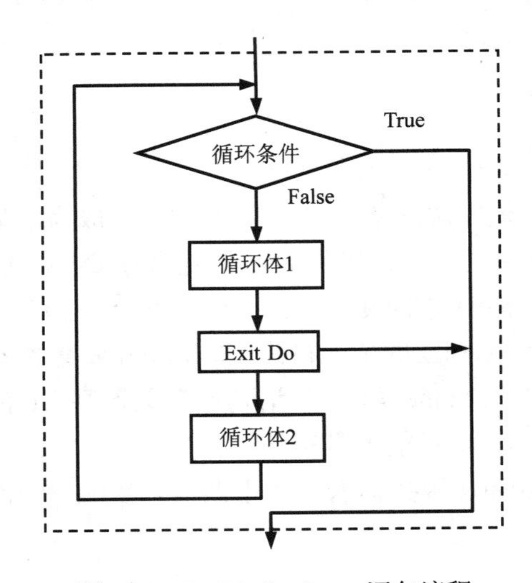

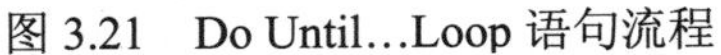
图 3.21　Do Until…Loop 语句流程

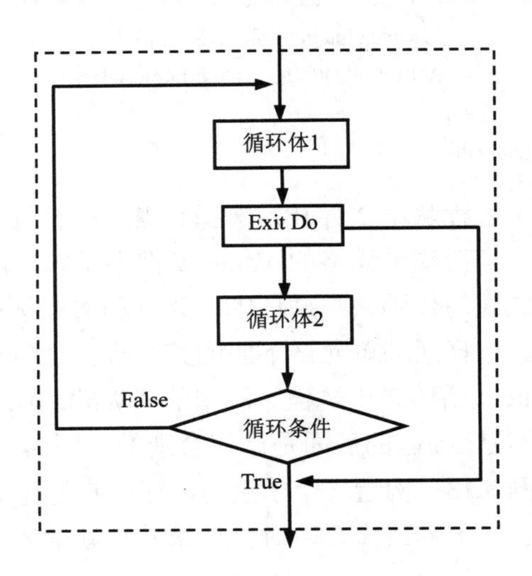

图 3.22　Do…Loop Until 语句流程

与当型循环一样，格式 1 称为前测型循环语句，格式 2 称为后测型循环语句。这两种格式的区别同样在于判断条件的先后次序不同。格式 1 是先判断循环条件再执行循环体，而格式 2 是先执行循环体再判断循环条件。

在例 3.12 中，ShadeEverySecondRow 过程要频繁地选择单元格，这明显影响了程序的运行效率，所以不妨重写这个过程，代码如下：

```
Sub ShadeEverySecondRow()
    Dim lRow As Long
    lRow = 2
    Do Until IsEmpty(Cells(lRow, 1))
        Cells(lRow, 1).EntireRow.Interior.ColorIndex = 15
        lRow = lRow + 2
    Loop
End Sub
```

本代码中设置了一个索引变量 lRow，代表在工作表的第几行，初始值为 2。Cells 属性允许通过行号和列号来引用某个单元格，所以循环刚开始时，Cells(lRow, 1)引用的是 A2 单元格。每循环一次，lRow 的值就增加 2，这样就可以完成对数据区域隔行的引用。为了演示更多的方法，本处将原代码中的 While 关键字改成了 Until，同时判断单元格是否为空改成了 VBA 的内置函数 IsEmpty。

3. 无条件循环

事实上，对于 Do...Loop 循环语句而言，它本身就是一个完整的结构，即它可以省略“While <循环条件>”和“Until <循环条件>”语句，做成一个无条件的循环结构。不过此时的循环体必须配合 Exit Do 语句使用，否则循环会变成一个“死”循环。

对于例 3.12 的需求，其实也可以使用无条件的循环语句来实现，代码如下：

```
Sub ShadeEverySecondRow()
    Dim lRow As Long
    lRow = 2
    Do
        If IsEmpty(Cells(lRow, 1)) Then Exit Do
        Cells(lRow, 1).EntireRow.Interior.ColorIndex = 15
        lRow = lRow + 2
    Loop
End Sub
```

3.4 经典的简单算法

算法是用来完成一个任务的具体步骤和方法。计算机程序的本质是用一个算法来告诉计算机确切的执行步骤以完成一个指定的任务，如计算职工的薪水或打印学生的成绩单等。所以，算法是计算机处理信息的本质。至今为止，计算机科学家们已经归纳总结出了各种各样的算法，如迭代法、穷举法、递归法、贪心法、分治法、动态规划法、回溯法等。其中的一些算法在日常生活中经常会应用到，如迭代法和穷举法。因此，本节将主要介绍迭代法和穷举法的思想和一些应用。

3.4.1 迭代法

迭代法也称辗转法，是一种不断用变量的旧值递推新值的过程，是用计算机解决问题的一种基本方法。它的原理是利用计算机运算速度快、适合做重复性操作的特点，让计算机对一组指令（或一定步骤）进行重复执行，在每次执行这组指令（或这些步骤）时，都从变量的原值推出它的一个新值。迭代法又分为精确迭代法和近似迭代法。本书只讨论精确迭代法，关于近似迭代法的内容，请读者参阅其他文献资料。

例 3.14：一个饲养场引进一只刚出生的新品种兔子，这种兔子从出生的下一个月开始，每月新生一只兔子，新生的兔子也如此繁殖。如果所有的兔子都不死去，问到第 12 个月时，该饲养场共有兔子多少只？

设第 i 个月的兔子有 T_i（$i \in [1, 12]$）只，根据题意我们能找出一个递推式：$T_i = T_{i-1} + T_{i-1}$（i>=2），即第 i 个月的兔子数量是在前一个月兔子数量上的基础上加上新生小兔子的数量，而新生的小兔子数量等于该月兔子的数量。因为第 1 个月的兔子数量是已知的，即 $T_1=1$，通过递推式，就可以计算出 T_2，而通过 T_2 可以推出 T_3，以此类推，最终可以推出 T_{12} 的值。上面这种递推的过程就是一种迭代法，程序代码如下：

```
Sub RabbitsAmount()
    Dim i As Integer, t As Long
    t = 1
    Range("A1").Value = "第 1 个月："
    Range("B1").Value = t
    For i = 2 To 12
        t = t + t
        Range("A" & i).Value = "第" & i & "个月："
        Range("B" & i).Value = t
    Next i
End Sub
```

代码中，t 的初始值设为 1，其代表第 1 个月的兔子数量。循环控制变量 i 的初值为 2 终值为 12，依次代表第 2～12 个月。程序的运行效果如图 3.23 所示。

	A	B	C
1	第1个月：	1	
2	第2个月：	2	
3	第3个月：	4	
4	第4个月：	8	
5	第5个月：	16	
6	第6个月：	32	
7	第7个月：	64	
8	第8个月：	128	
9	第9个月：	256	
10	第10个月：	512	
11	第11个月：	1024	
12	第12个月：	2048	
13			

图 3.23 兔子数量变化示例

例 3.15：一只小猴某天摘了若干个桃子，当天吃掉了一半多一个，第 2 天吃了剩下的一半多一个，以后每天都吃尚存的一半多一个，到第 7 天早上要吃时，猴子发现只剩下一个桃子了。试计算小猴一开始摘的桃子总共有几个？

设第 i 天的桃子有 T_i（$i \in [1, 7]$）个，根据题意能找出一个递推式：$T_i = T_{i-1} - (T_{i-1} / 2 + 1)$（i >= 2），即 $T_i = T_{i-1} / 2 - 1$（i >= 2）。由于已知的是第 7 天的桃子数量，因此需要反向推导，即要变换一下推导式：$T_{i-1} = 2 * (T_i + 1)$（i >= 2），根据这个迭代思想，可以编写如下的过程：

```
Sub PeachsAmount()
    Dim i As Integer, t As Long
    t = 1
    Range("A1").Value = "第 7 天："
    Range("B1").Value = t
    For i = 6 To 1 Step -1
        t = 2 * (t + 1)
        Range("A" & 8 - i).Value = "第" & i & "天："
        Range("B" & 8 - i).Value = t
    Next i
End Sub
```

代码中，t 的初始值设为 1，其代表第 7 天的桃子数量。循环控制变量 i 的初值为 6 终值为 1，依次代表从第 6 天到第 1 天。程序的运行效果如图 3.24 所示。

	A	B	C
1	第7天：	1	
2	第6天：	4	
3	第5天：	10	
4	第4天：	22	
5	第3天：	46	
6	第2天：	94	
7	第1天：	190	
8			

图 3.24 桃子数量变化示例

例 3.16：一个饲养场引进一只刚出生的新品种兔子，这种兔子从出生的第 3 个月开始，每月新生一只兔子，新生的兔子也如此繁殖。如果所有的兔子都不死去，问到第 12 个月时，该饲养场共有兔子多少只？

这个问题与例 3.14 相似，设第 i 个月的兔子有 T_i（$i \in [1, 12]$）只，根据题意能找出一个递推式：$T_i = T_{i-1} + T_{i-2}$（$i >= 3$），即第 i 个月的兔子数量是在上个月兔子数量上的基础上加上一些新生的小兔子，而新兔子都是上上个月的兔子生出来的，所以新兔子的数量等于上上个月的兔子数量。根据这个递推关系，可以看到，每个月的兔子数量依次为：1、1、2、3、5、8、13、…，这其实就是非常著名的斐波那契（Fibonacci）数列。程序代码如下：

```
Sub RabbitsAmount()
    Dim i As Integer, t1 As Long, t2 As Long, t As Long
    t1 = 1: t2 = 1
    For i = 3 To 12
        t = t1 + t2
        t1 = t2
        t2 = t
    Next i
    MsgBox "第 12 个月兔子的数量有" & t & "只！"
End Sub
```

代码中，t 代表当前这个月的兔子数量，t1 代表上个月的兔子数量，t2 代表上上个月的兔子数量，语句“t=t1+t2”就是那个关键的迭代式，每次循环结束后，意味着这个月就过去了，为了能够用此迭代式做下一次的推导，所以 t1 和 t2 要更新一下，即 t1 的值需改成 t2，而 t2 的值需改成 t。

3.4.2 穷举法

穷举法又称蛮力法，常常也称为枚举法。它的思路是列举出所有可能的情况，逐个判断哪些符合问题所设的条件，从而得到问题的解。

例 3.17：中国古代约 5—6 世纪的《张邱建算经》中记载了一算题：今有鸡翁一，值钱伍；鸡母一，值钱三；鸡雏三，值钱一。凡百钱买鸡百只，问鸡翁、母、雏各几何？

本题的意思是用 100 块钱买 100 只鸡，其中公鸡每只 5 元，母鸡每只 3 元，小鸡 1 元三只，问可买公鸡、母鸡和小鸡各几只？假设公鸡有 x 只，母鸡有 y 只，小鸡有 z 只，根据条件可以列出以下方程组：

$$x + y + z = 100$$
$$5x + 3y + z/3 = 100$$

这是一个不定方程组，从数学的角度，其无法直接求解，需要应用现代数学方法才行。但是，只要我们掌握了穷举法的思想，其实可以利用计算机运算速度快的优点编写一个程序来迅速找到问题的解。从题意中可知，公鸡 5 元一只，所以 100 元最多能买 20 只公鸡，而母鸡 3 元一只，所以 100 元最多能买 33 只母鸡，即 x 的取值范围为 0～20，而 y 的取值范围为 0～33。因为总共要买 100 只鸡，所以当 x 和 y 的值确定时，z 的值也是确定的，即 $z = 100 - x - y$。因此，我们只要将 x 和 y 的每一种取值都测试一遍，就可从中找出符合要求的解。具体的程序是按照 x 和 y 各自的取值范围循环，用到了双重循环，代码如下：

```
Sub ChickensIssue()  '百鸡问题
    Dim x As Integer, y As Integer, z As Integer, i As Integer
    i = 1
    Cells(i, 1) = "公鸡数量"
    Cells(i, 2) = "母鸡数量"
    Cells(i, 3) = "小鸡数量"
    For x = 0 To 20
        For y = 0 To 33
            z = 100 - x - y
            If x * 5 + y * 3 + z / 3 = 100 Then
                i = i + 1
                Cells(i, 1) = x
                Cells(i, 2) = y
                Cells(i, 3) = z
            End If
        Next y
    Next x
End Sub
```

	A	B	C	D
1	公鸡数量	母鸡数量	小鸡数量	
2	0	25	75	
3	4	18	78	
4	8	11	81	
5	12	4	84	
6				
7				

图 3.25 百鸡问题运行效果

程序的运行效果如图 3.25 所示。

例 3.18：编写一个宏，在 A2 单元格随机生成一个[10, 99]之间的整数，然后判断此数是否为素数，并以“是”或“否”的结果输出在 B2 单元格，程序运行效果如图 3.26 所示。

	A	B	C
1	随机数	是否素数	
2	61	是	
3			

	A	B	C
1	随机数	是否素数	
2	55	否	
3			

图 3.26 素数判断运行效果

素数又称为质数，是指在一个大于 1 的自然数中，除了 1 和此整数自身外，无法被其他自然数整除的数。换句话说，只能被 1 和自身整除的大于 1 的自然数即为素数。

假设随机数为 x，那么根据素数的定义，判断 x 是否为素数需要检查该数是否能被 1 和 x 自身之外的其他数整数，即判断 x 能否被 2～x – 1 之间的数整除，这是一个逐个尝试的过程，代码如下：

```
Sub IsPrime()
    Dim x As Integer, i As Integer
    Randomize
    x = Int(Rnd() * 90) + 10
    Range("A2").Value = x
    For i = 2 To x - 1
        If x Mod i = 0 Then Exit For
    Next i
    If i > x - 1 Then
        Range("B2").Value = "是"
    Else
        Range("B2").Value = "否"
    End If
End Sub
```

上述代码中，用变量 i 代表 2～x – 1 之间的数，如果条件“x Mod i = 0”成立，则说明 x 不是素数，不必继续尝试下去，即 x 不用再去除以其他数了，所以用“Exit For”语句提前结束循环。循环结束后，判断条件“i > x – 1”是否成立，如果成立，则说明 For…Next 循环没有被 Exit For 提前结束。换句话说，在循环的过程中没有一个 i 能把 x 整除，这正好满足了素数的定义，所以这种情况说明 x 是素数；否则 For…Next 循环是会提前结束的，即循环过程中 x 被某个 i 整除了，说明 x 不是素数。

注意：循环过程中，条件“x Mod i = 0”不成立（即：x Mod i <> 0）时，并不能说明 x 是素数，因为后面还有数没有验证，所以必须在循环结束之后才能下定论说 x 是素数。

穷举法是程序设计中经常用到的一种算法，常常可以用来解决一些用常规的数学方法无法解决的问题，读者们应该熟练掌握和正确地运用这种算法。

习 题 3

1. 判断题

（1）在顺序结构中，因为语句和语句之间是线性关系，所以这些语句的位置顺序总是可以任意调换的。（ ）

（2）在行结构 If 语句中，关键字 End If 是必不可少的。（ ）

（3）块结构的 If 语句中，Else 子句是可以省略的。（ ）

（4）所谓 If 语句的嵌套结构，是指在 If 语句的操作语句块中又包含一个 If 语句。（ ）

（5）在 Select Case 语句中，在 Case 子句中可以用“表达式 To 表达式”的形式来指定测试表达式值的范围。（ ）

（6）在 Select Case 语句中，每个 Case 子句中不能使用多重表达式或使用范围。（ ）

（7）在 For…Next 语句中，循环控制变量只能是整型变量。（ ）

（8）在 For…Next 语句中，Step 1 可以缺省。（ ）

（9）For…Next 循环正常（未执行 Exit For）结束后，循环控制变量的当前值等于终值。（ ）

（10）在循环体内，不可以改变循环控制变量的值。（ ）

（11）For Each…Next 语句用于针对一个数组或一个集合中的每一个元素重复执行一组代码。（ ）

（12）在 For Each…Next 语句，<元素>是用来遍历集合或数组中所有元素的变量，它可以是一个 Long 类型的变量。（ ）

（13）在 Do…Loop While 结构中，循环体至少被执行一次。（ ）

（14）Do…Loop Until 结构的循环语句，是属于前测型的循环语句。（ ）

（15）迭代法也称辗转法，它的主要思想是不断用变量的旧值递推出新值。（ ）

2. 选择题

（1）在 Select Case x 的语句中，判断 x 是否大于等于 1 且小于等于 3 的语句是________。

A．Case x >= 1 And x <= 3　　B．Case Is >= 1 And Is <= 3

C．Case Is >= 1, Is <= 3　　D．Case 1 To 3

（2）将变量 x、y 中的最大数赋值给变量 a，正确的表示为________。

A．If y > x Then a = y: a = x　　B．a = x: If y > x Then a = y

C．a = If y > x Then y Else x　　D．If y > x Then a = y Else a = x End If

（3）下列关于 Select Case 之测试表达式的叙述中，错误的是________。

A．只能是变量名　　B．可以是整型

C．可以是字符串型　　D．可以是浮点类型

（4）下列关于 Select Case X 的叙述中，________是错误的。

A．Case 10 To 100 表示判断变量 X 是否介于 10 与 100 之间

B．Case "abc","ABC" 表示判断变量 X 是否与字符串"abc"或"ABC"相同

C．Case "X" 表示判断变量 X 是否为大写字母 X

D．Case −7,0,100 表示判断变量 X 是否等于字符串"−7，0，100"

（5）对于 Select Case X 结构的某行 Case 1, 2, 3 To 5, Is > 10 相当于________。

A．ElseIf X = 1 Or X = 2 Or X >= 3 And X <= 5 Or X > 10 Then

B．ElseIf X = 1 Or X = 2 Or 3 <= X <= 5 Or X > 10 Then

C．ElseIf X = 1 Or X = 2 Or X > 3 And X < 5 Or X > 10 Then

D．ElseIf X = 1 And X = 2 And X > 3 Or X < 5 And X > 10 Then

（6）由 For i=1 To 16 Step 3 语句决定的循环结构，其执行的循环次数是________。

A．4　　B．5　　C．6　　D．7

（7）由 For i = 1 To 9 Step −3 语句决定的循环结构，其执行的循环次数是________。

A．0　　B．2　　C．3　　D．4

（8）若 i 的初值为 8，则下列循环语句的循环次数为________。

```
Do While i <= 17
    i = i + 2
Loop
```

A．3　　B．4　　C．5　　D．6

（9）下列程序运行后，A1 单元格和 B1 单元格的内容分别是________。

```
m = 0
For i = 1 To 10
    m = m + 1
Next i
Range("A1").Value = m
Range("B1").Value = i
```

A．10　10　　B．10　11　　C．55　10　　D．55　11

（10）下列程序运行后，A1 单元格和 B1 单元格的内容分别是________。

```
m = 0
For i = 1 To 10
    m = m + i
    i = i + 1
Next i
Range("A1").Value = m
Range("B1").Value = i
```

A．55　10　　B．55　11　　C．25　10　　D．25　11

（11）与下列程序段功能等同的代码段是________。

```
Dim i As Integer
For i = 1 To 5
    Cells(i, 1) = Int(Rnd() * 90) + 10
```

```
Next i
```

A.

```
Dim c As Range
For Each c In Range("A1:A5").Cells
    c.Value = Int(Rnd() * 90) + 10
Next
```

B.

```
Dim c As Range
For Each c In Range("A1:E1").Cells
    c.Value = Int(Rnd() * 90) + 10
Next
```

C.

```
Dim c As Range
For Each c In Range("A1:E5").Cells
    c.Value = Int(Rnd() * 90) + 10
Next
```

D.

```
Dim i As Integer
For i = 1 To 5
    Cells(1, i) = Int(Rnd() * 90) + 10
Next i
```

（12）与下列程序段功能等同的代码段是________。

```
Dim i As Integer
For i = 1 To 3
    Cells(1, i) = i
Next i
```

A.

```
Dim i As Integer
i = 1
Do Until i <= 3
    Cells(1, i) = i
    i = i + 1
Loop
```

B.

```
Dim i As Integer
i = 1
Do While i > 3
    Cells(1, i) = i
    i = i + 1
Loop
```

C.

```
Dim i As Integer
For i = 1 To 3
    Range("A" & i).Value = i
Next i
```

D.

```
Dim c As Range
For Each c In Range("A1:C1").Cells
    c.Value = c.Column
Next
```

3. 设计题

（1）设计一个“健康秤”程序，界面设计如图 3.27 所示。单击“健康状况”按钮，根据公式：标准体重=身高-105 判断某人的健康状况。体重高于标准体重*1.1 为偏胖，在 B3 单元格输出“偏胖，注意节食”；体重低于标准体重*0.9 为偏瘦，在 B3 单元格输出“偏瘦，增加营养”；其他则在 B3 单元格输出“正常，继续保持”。

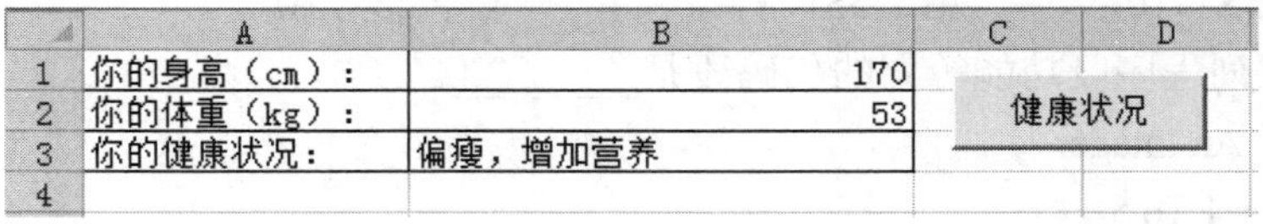

	A	B	C	D
1	你的身高（cm）：	170		
2	你的体重（kg）：	53	健康状况	
3	你的健康状况：	偏瘦，增加营养		
4				

图 3.27 “健康秤”程序运行效果

（2）根据杭州的气候特点，通常认定 3—5 月为春季，6—8 月为夏季，9—11 月为秋季，12 月至次年 2 月为冬季。编写一个程序，在 B1 单元格输入当前的月份，单击“判定”按钮时，在 B2 单元格以“*月是*季”的形式输出结果，程序运行效果如图 3.28 所示。

	A	B	C	D
1	当前的月份：	6		
2	所在季节为：	6月是夏季	判定	
3				

图 3.28　杭州季节判断程序效果

（3）某商场举行周年庆购物促销活动，活动规则如下：

- 金额 500 元以下不享受优惠。
- 金额 500 元及以上且小于 2000 元优惠 10%。
- 金额 2000 元及以上且小于 4000 元优惠 12%。
- 金额 4000 元及以上且小于 6000 元优惠 14%。
- 金额 6000 元及以上优惠 15%。

编写一个过程，在 B1 单元格输入购物总价，计算应付款和优惠款额并分别显示在 B2 和 B3 单元格，效果如图 3.29 所示。

	A	B	C	D
1	所购物总金额：	2685.00		
2	打折后应付款：	2362.80	计算	
3	用户节约款额：	322.20		
4				
5				

图 3.29　周年庆促销购物程序效果

（4）程序的运行效果如图 3.30 所示。单击“随机数”圆角矩形时，在活动工作表 A1:E5 区域的各单元格中随机生成[100, 999]之间的整数；单击“标记奇数”圆角矩形时，将 A1:E5 区域内奇数所在的单元格设置为字体红色、背景黄色的格式。

	A	B	C	D	E	F	G
1	345	104	684	663	686		
2	682	667	286	625	165	随机数	
3	945	801	663	930	741		
4	767	226	479	405	768	标记奇数	
5	773	115	582	496	130		
6							

图 3.30　生成随机数并标记其中的奇数

（5）某商场约定其某款产品的销售单价（原价为 100 元）根据不同的购买数量有不同的折扣，折扣情况如下：

- 购买数量小于 500，享受 95 折。
- 购买数量大于等于 500，但小于 600，享受 9 折。
- 购买数量大于等于 600，但小于 1000，享受 8 折。
- 购买数量大于等于 1000，但小于 5000，享受 7 折。

● 购买数量大于等于 5000，享受 6 折。

试编写一个过程，计算如图 3.31 所示工作表区域中该产品各销售数量情况下的折扣后的销售单价。

	A	B
1	购买数量	单价
2	500	
3	600	
4	1000	
5	300	
6	5000	
7	12000	
8	100	
9	3000	
10	4000	
11	10000	

图 3.31　计算折扣后的销售单价

（6）已知 2013 年我国人口数量为 13.6 亿，出生率为 12.08‰，死亡率为 7.16‰，假定往后的若干年，其出生率和死亡率不变，试编写一个过程预计到哪一年我国的人口数量会增长到 18 亿？

（7）小明 2014 年往银行存入了 10000 元，已知银行的年存款利率为 3.6%，试编写一个过程计算到哪一年小明的存款本息和会超过 12000 元？

（8）编写一个宏，用于在工作表中输出如图 3.32 所示的由字符“*”组成的菱形图形。

	A	B	C	D	E	F	G	H	I
1					*				
2				*	*	*			
3			*	*	*	*	*		
4		*	*	*	*	*	*	*	
5	*	*	*	*	*	*	*	*	*
6		*	*	*	*	*	*	*	
7			*	*	*	*	*		
8				*	*	*			
9					*				

图 3.32　“*”号组成的菱形

（9）大约在 1500 年前，《孙子算经》中记载了这样一个算题：今有雉兔同笼，上有三十五头，下有九十四足，问雉兔各几何？试编写一个宏，在活动工作表的 A1 单元格中输出鸡的数量，在 B1 单元格中输出兔的数量。

（10）程序的运行效果如图 3.33 所示。单击“随机数”圆角矩形时，随机生成两个[10, 99]之间的整数并写入 A2 和 B2 单元格；单击“最大公约数”圆角矩形时，求出 A2 和 B2 单元格两个数的最大公约数并写入到 C2 单元格。

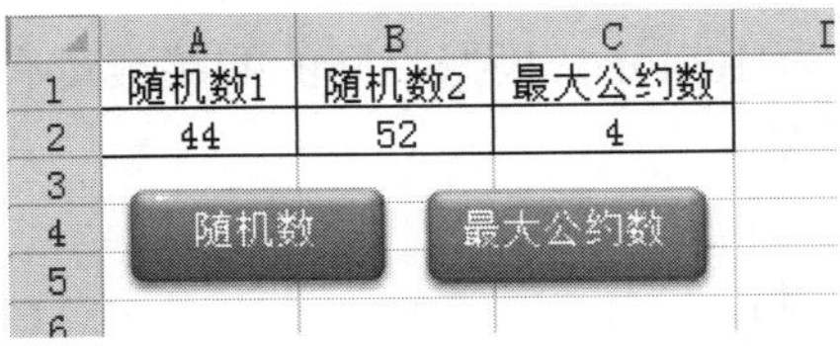

	A	B	C
1	随机数1	随机数2	最大公约数
2	44	52	4

随机数　　最大公约数

图 3.33　求最大公约数程序效果

第4章　过程与函数

通过前面章节的学习，我们知道无论多么复杂的程序，都可以用顺序、选择、循环这些控制结构完成，但当编写的代码较为复杂时，程序往往会很长，而且难以理解。程序编写者如果不对程序内容进行区分，就很难再将程序编写下去。因此，VBA 提供了称为过程的解决方案，用来分割不同功能的代码段。

过程是构成程序的一个模块，往往用来完成一个相对独立的功能，过程可以使程序更清晰，结构性更强。本章将重点介绍 VBA 过程、如何自定义 VBA 过程以及使用 VBA 过程和参数传递。

4.1　VBA 过程简介

VBA 过程是指由一组完成指定任务的 VBA 语句组成的代码集合。功能较为复杂的程序一般由多个过程组成，其中每个过程负责一个特定的功能。这些过程可以看作是整个程序的基石，通过组合它们，就可以完成更为复杂功能的程序。

使用过程的 VBA 程序与没有使用过程的 VBA 程序相比，具有下列优点：

（1）易于理解，在阅读和调试时可以帮助程序员快速了解目标程序的结构。

（2）易于修改，在调试出错时可以快速找到问题所在。

（3）可以多次利用，当一段代码在程序中反复出现时，可以用一个过程代替它。

VBA 具有 4 种过程：子过程（也称 Sub 过程）、Function 函数过程、事件过程和 Property 属性过程。这 4 类过程的格式如下：

```
Sub 子程序()
    ……
End Sub
Function 函数过程()
    ……
End Function
Private Sub 对象_事件()
    ……
End Sub
Property Get 属性过程名称() As Variant
    ……
End Property
Property Let 属性过程名称(ByVal vNewValue As Variant)
    ……
End Property
```

本章主要讲述 Sub 子过程、Function 函数过程的开发和事件过程。Function 函数过程与 Sub 子过程的区别主要表现在以下两个方面：

（1）函数具有返回值。返回值是 VBA 过程的执行结果，具有某种特定的数据类型，通过函数名带回给调用过程。

（2）子过程没有返回值。虽然子过程的参数可以用于将运算结果传出子过程，但它不是返回值。

4.2 Sub 子 过 程

4.2.1 自定义 Sub 子过程

子过程是一个程序中可执行的最小部分，它是以 Sub…End Sub 语句包含的语句块。创建子过程有两种方法：一种是通过 Excel 的宏功能，录制宏创建简单的 Sub 子过程；另一种是通过 Sub 语句自定义子过程。

使用“录制宏”功能创建任务流程代码，它自动以 Sub…End Sub 语句来显示任务过程代码，具体操作方法见第 1 章的相关内容，这里不再阐述。

Sub 子过程和自定义函数一般保存在模块中，所以在创建过程前可先在 VBE 环境中通过“插入”→“模块”命令向工程添加一个模块，如图 4.1 所示。

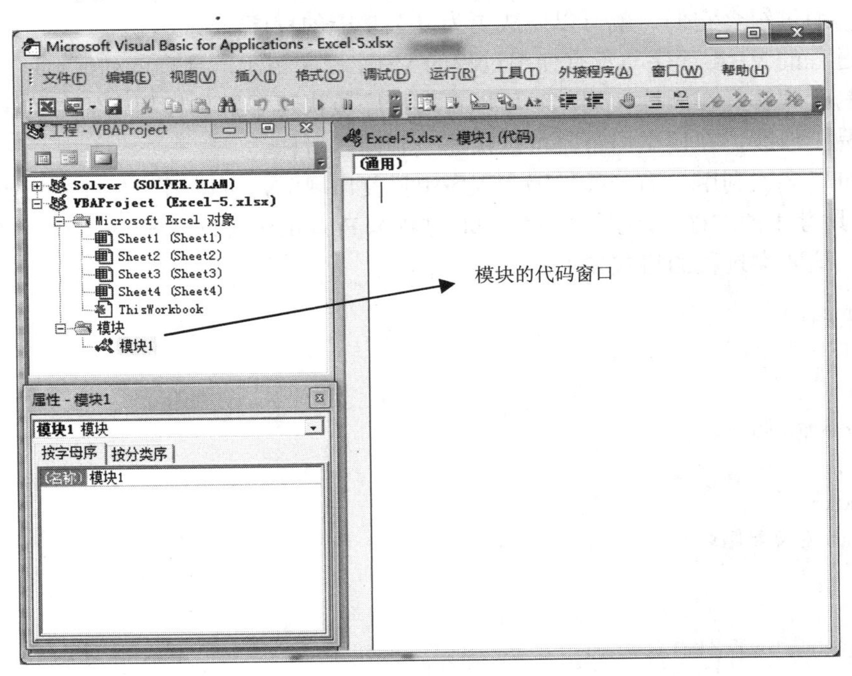

图 4.1 新建模块

在 VBA 中，通过 Sub 语句自定义子过程有两种方法：一种方法是使用窗体创建过程的结构，在过程中编写相应的代码；另一种方法是在模块中直接输入代码来定义过程。

1. 添加过程

VBE 提供了一个专用窗体来选择性插入 Sub 子过程，具体步骤如下：

（1）在 VBE 中，选择“插入”→“过程”命令，弹出“添加过程”对话框（图 4.2），通过此对话框可方便地向当前模块中添加过程。

（2）在“名称”文本框中输入 TestSub，“类型”选择“子程序”，“范围”选择“私有的”。如图 4.2 所示，然后单击“确定”按钮。

执行以上步骤后，在模块中可以看到产生的代码为：

```
Private Sub TestSub()

End Sub
```

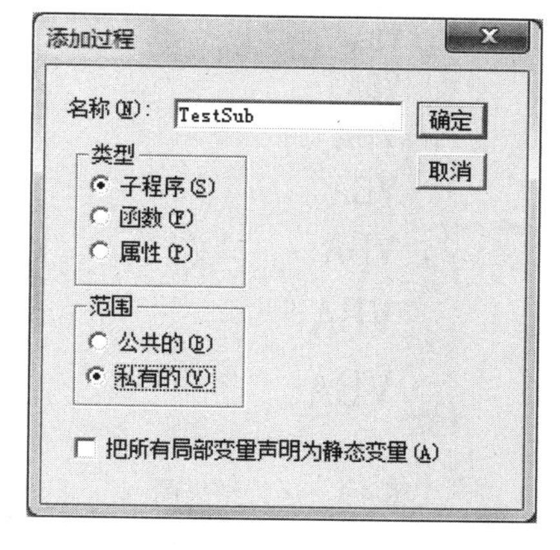

图 4.2 “添加过程”对话框

2. 使用代码创建 Sub 过程

使用代码创建 Sub 过程是指直接利用 Sub…End Sub 语句定义子过程，并设置过程中相应的语句块。Sub…End Sub 语句的语法格式结构为：

```
[Public|Private][Static] Sub name[(arglist)]
        [statements]
          [Exit Sub]
        [statements]
End sub
```

语法解析：

（1）Public：可选，表示所有模块的所有其他过程都可访问该 Sub 过程。

（2）Private：可选，表示只有在包含其声明的模块中的其他过程可以访问该 Sub 过程，其他模块内的过程无法访问。

（3）Static：可选，表示在调用时保留 Sub 过程的局部变量的值。Static 属性对在 Sub 过程外声明的变量不会产生影响，即使过程中也使用了这些变量。

（4）name：必需，Sub 的名称，遵循标准的变量命名约定。

（5）arglist：可选，代表在调用时要传递给 Sub 过程的参数变量列表，多个变量之间则用逗号隔开。

（6）statements：可选，Sub 过程中所执行的任何语句组。

注意：每一个过程都必须对应一个过程名称，通过过程名称可以调用该过程，过程名称的命名应符合标识符的命名规则。过程名可以和本过程的私有变量同名，但却不能和公有变量同名。

在了解 Sub 过程结构后，就可在代码窗口中创建 Sub 过程了。

例 4.1：编写一个名称为 Example 的 Sub 过程，该过程用于在当前活动工作表 A1:A10 区域的各单元格内填上 VBA 文本，且字号大小依次从 10 等差渐变到 28。运行结果图如图

4.3 所示。

实现代码如下：

```
Sub Example()
    Dim vCell As Range, i As Integer
    For Each vCell In Range("A1:A10").Cells
        vCell.Value = "VBA"
        vCell.Font.Size = 10 + 2 * i
        i = i + 1
    Next vCell
End Sub
```

	A	B	C
1	VBA		
2	VBA		
3	VBA		
4	VBA		
5	VBA		
6	VBA		
7	VBA		
8	VBA		
9	VBA		
10	VBA		

图 4.3　运行结果图

例 4.2：编写一个 Sub 子过程，用于在立即窗口输出 n 层任意符号金字塔。

实现代码如下：

```
Sub Pyramid(n As Integer, s As String)
    Dim i As Integer, j As Integer
    For i = 1 To n
        Debug.Print Space(n - i);
        For j = 1 To 2 * i - 1
            Debug.Print s;
        Next j
        Debug.Print
    Next i
End Sub
```

4.2.2　Sub 过程的执行流程

如果录制宏并执行宏，可以看出宏代码的执行流程永远是从上到下。我们可以使用调试功能来查看流程。例如，执行以下代码：

```
Sub 设置A1单元格()
    Range("A1").Select
    Range("A1") = "浙江理工大学科艺学院"
    Range("A1").Interior.ColorIndex = 6
    Range("A1").Font.Color = vbRed
    Range("A1").Font.Name = "黑体"
    Range("A1").Font.Size = 20
    Range("A1").EntireColumn.AutoFit
End Sub
```

将 VBE 窗口缩小，使自己能同时看到代码及 A1 单元格的情况下再按 F8 快捷键，从而进入逐句调试阶段。

注意：*在 VBE 中使用“F8”键表示调试代码语句，每按一次 F8 键即执行一句，直到 Exit Sub 或者 End、End Sub 为止。在编写代码时非常有用，可以借助它检查代码的准确性，同*

时也可以查看程序间的跳转是否正常。

当按下调试键 F8 时，当前执行的语法呈黄色显示，再次按下 F8 键时，则下一句呈黄色显示，而操作对象 A1 单元格则对应产生变化。图 4.4 中已执行到第 4 句，所以 A1 单元格同步后的状态就是录入“浙江理工大学科艺学院”后并设置了单元格背景色为黄色。

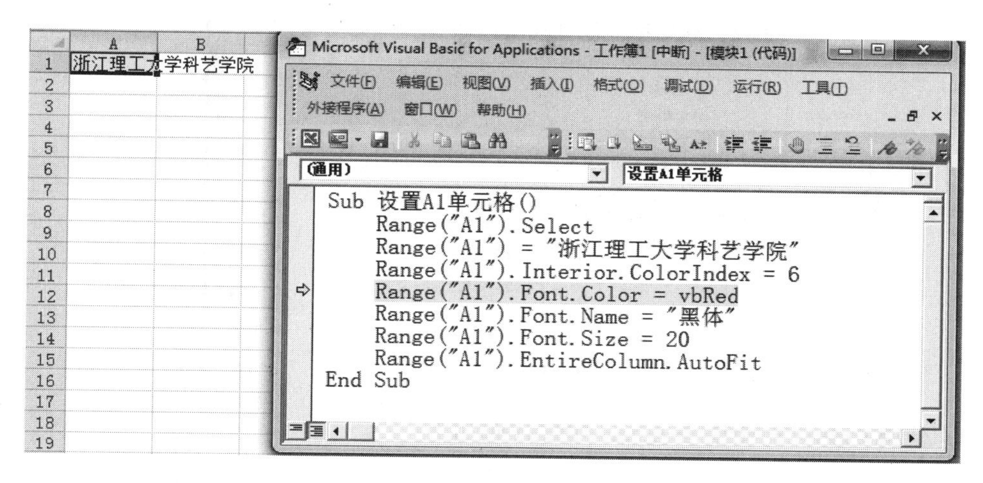

图 4.4 逐步执行代码

4.2.3 调用 Sub 过程

使用过程的目的就是将一个应用程序划分为多个小模块，每个小模块完成一个具体的功能，最后通过组合这些过程来完成一个大任务。

在 VBA 中，通过调用定义好的过程来执行程序。Sub 过程的调用分两种方式：一种是在 VBA 代码中调用 Sub 过程；另一种是在 Excel 中以调用宏的方式来执行 Sub 过程。

1. 使用 VBA 代码调用 Sub 过程

在程序中调用 Sub 过程有两种方法：一是用 Call 语句调用；二是使用过程名直接调用。

（1）使用 Call 语句调用子过程。用 Call 语句可将程序执行控制权转移到一个 Sub 过程中，在过程中遇到 End Sub 或 Exit Sub 语句后，再将控制权返回到调用程序的下一行。Call 语句的语法格式很简单：

```
Call 过程名（过程参数列表）
```

如果使用 Call 语句来调用一个需要参数的过程，则“参数列表”必须加上括号；如果过程没有参数，可省略过程名后的括号。例如，以下代码：

```
Call TestSub
```

（2）使用过程名直接调用子过程。调用一个过程时，并不一定要使用 Call 关键字。如果省略了 Call 关键字，那么也要省略“参数列表”外面的括号，以避免引起编译错误。例如，以下代码：

```
Call Test(a,b)
```

可改为以下形式：

```
Test a,b
```

例 4.3：编写一个 Sub 过程，调用例 4.2 自定义的 Pyramid 子过程，在立即窗口输出 8 层“*”金字塔，运行结果如图 4.5 所示。

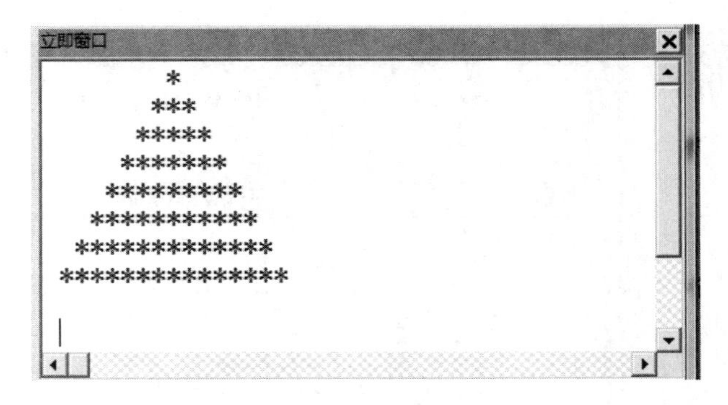

图 4.5　运行结果图

（1）使用 Call 语句调用子过程，实现代码如下：

```
Sub test()
    Call Pyramid(8, "*")
End Sub
```

（2）使用过程名直接调用子过程，实现代码如下：

```
Sub test()
    Pyramid 8,"*"
End Sub
```

例 4.4：编写一个自定义 Test 子过程，用于验证用户名（如果用户名是 admin，用消息框输出“你好”；如果用户名为空，则用消息框输出“未输入用户名”；其他情况，用消息框输出“用户名错误”）。

实现代码如下：

```
Sub Test(s As String)
    Dim result As String
    Select Case s
        Case "admin"
            result = "你好"
        Case ""
            result = "未输入用户名"
        Case Else
            result = "用户名错误"
    End Select
    MsgBox result
End Sub
```

编写一个 Sub 过程，用输入框输入用户姓名，调用 Test 子过程，输出相应的结果。运行结果如图 4.6 所示。

图 4.6 运行结果图

实现代码如下：

```
Sub Example()
    Dim name As String
    name = InputBox("请输入姓名：")
    Call Test(name)
End Sub
```

例 4.5：编写一个自定义 Change 子过程，用于将输入的小写字母转换为大写字母。

实现代码如下：

```
Sub Change(s As String)
    Dim k As Integer
    If s >= "a" And s <= "z" Then
        k = Asc(s) - 32
        MsgBox "大写字母为:" & Chr(k)
    Else
        MsgBox "非小写字母"
    End If
End Sub
```

编写一个 Sub 过程，用输入框输入一个字符，调用 Change 子过程，输出相应的结果。运行结果如图 4.7 所示。

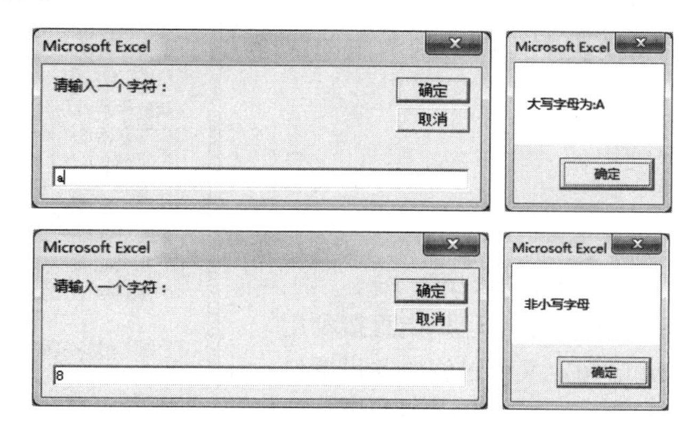

图 4.7 运行结果图

图 4.8 “指定宏”对话框

实现代码如下：

```
Sub Example()
    Dim s As String
    s = InputBox("请输入一个字符：")
    Call Change(s)
End Sub
```

2. 以宏方式调用 Sub 过程

在 Excel 中录制宏时，将创建一个 Sub 过程，所以也可将 Sub 过程作为一个宏来调用，如图 4.8 所示。

4.3 Function 函数过程

4.3.1 自定义 Function 过程

Sub 过程和 Function 函数过程都可以实现指定的功能，它们的区别主要在于是否能够返回一个值，Sub 过程没有返回值，就像在执行一个命令；而 Function 过程可以返回一个值，就像使用 Excel 工作表函数一样，在 VBA 中创建的 Function 过程主要用于以下两种情况：

（1）被其他过程调用，作为计算表达式的一部分，就像使用 VBA 内置函数一样。

（2）在工作表公式中使用，就像 Excel 工作表函数一样。

Function 函数的创建方法与 Sub 过程的方法类似。主要有两种方法：通过对话框和手工输入代码。

1. 添加 Function 函数过程

通过对话框创建函数的方法与创建 Sub 过程相似，在 VBE 中选择“插入”→“过程”命令，“类型”选择“函数”，“范围”选择“私有的”，输入函数名称即可创建函数的结构，如图 4.9 所示。

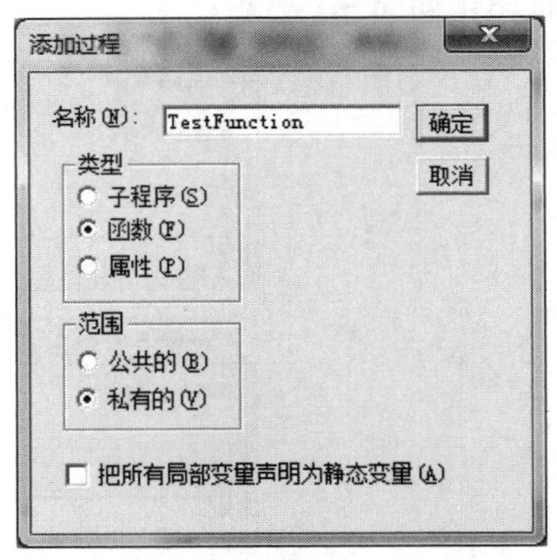

图 4.9 “添加过程”对话框

执行以上操作后在模块中可以看到产生的代码为：

```
Private Function TestFunction()

End Function
```

2. 使用代码创建 Function 函数过程

使用代码创建 Function 函数过程是指直接利用 Function...End Function 语句定义子过程，并设置过程中相应的语句块。Function...End Function 语句的语法格式结构为：

```
[Public|Private][Static] Function name[(arglist)][As Type]
    [statements]
    [name = expression]
    [Exit Function]
    [statements]
    [name = expression]
End Function
```

语法解析：

（1）Public：可选，表示所有模块的所有其他过程都可以访问这个 Function 过程。

（2）Private：可选，表示只有包含其声明的模块的其他过程可以访问该 Function 过程。

（3）Static：可选，表示在调用时将保留 Function 过程的局部变量值。Static 属性对在该 Function 外声明的变量不会产生影响，即使过程中也使用了这些变量。

（4）name：必需，Function 过程的名称，遵循标准的变量命名约定。

（5）arglist：可选，代表在调用时要传递给 Function 过程的参数变量列表，多个变量之间则用逗号隔开。

（6）Type：可选，Function 过程的返回值的数据类型，可以是 Byte、Boolean、Integer、Long、Currency、Single、Double、Date、String（除定长）、Object、Variant 或任何用户定义类型。

（7）statements：可选，Function 过程中所执行的任何语句组。

（8）expression：可选，Function 的返回值。

可以看出，Function 函数的结构与 Sub 过程的结构很相似，下面介绍其不同点：

（1）声明函数名的第一行使用 As Type 定义函数的返回值类型。

（2）在函数体内，通过给函数名赋值来返回计算结果：name = expression，如果在函数体内没有上面的语句，则该函数返回一个默认值：数值函数返回 0；字符串函数返回空字符串。

注意：一个函数的函数名既是该函数的代表，也是一个变量。函数名变量存放的数据即为函数的返回值。

例 4.6：编写一个 Function 函数 nfactor，用于计算 n!。

实现代码如下：

```
Function nfactor(n As Integer) As Long
    Dim i As Integer, t As Long
    t = 1
    For i = 1 To n
        t = t * i
    Next i
    nfactor = t
End Function
```

注意：在函数编写过程中可以使用一个变量来用于计算，如例 4.6 中使用变量 t 来计算 n!，求解完成后将 t 赋值给函数名。实际上，在编写 Function 函数时也可以直接使用函数名作为变量来进行计算并存储计算结果。

程序改写如下：

```
Function nfactor(n As Integer) As Long
    Dim i As Integer
    nfactor = 1
    For i = 1 To n
        nfactor = nfactor * i
    Next i
End Function
```

例 4.7：编写一个 Function 函数 IsLeap，该函数用于判断某个年份是否为闰年，如果是则返回 True，否则返回 False。

实现代码如下：

```
Function IsLeap(n As Integer) As Boolean
    If n Mod 400 = 0 Or n Mod 4 = 0 And n Mod 100 < > 0 Then
        IsLeap = True
    End If
End Function
```

4.3.2 调用 Function 过程

有两种方法调用 Function 函数：一种是从 VBA 的另外一个过程里调用；另一种是在工作表的公式中使用。

1. 在 VBA 代码中调用函数

在 VBE 开发环境中，不能像 Sub 过程一样按“F5”键来运行 Function 函数。要运行函数，必须从另一个过程里调用该函数。

Function 函数的调用比较简单，可以像使用 VBA 内部函数一样来调用 Function 函数。它与内部函数没有什么区别，只不过内部函数由 VBA 系统提供，而 Function 函数由用户自己定义的。在代码中可以直接输入函数的名称，后面跟上参数。

例 4.8：编写一个名为 Cmn 的 Sub 过程，先使用 InputBox 函数输入两个整数 m 和 n（要求 m>=n），然后通过调用例 4.6 编写的 nFactor 函数计算出 m!/(n!*(m−n)!)的值，将结果输出到立即窗口。

实现代码如下：

```
Sub Cmn()
    Dim m As Integer, n As Integer
    Dim k As Integer
    Do
        m = Val(InputBox("m="))
        n = Val(InputBox("n="))
    Loop Until m >= n
    k = nfactor(m) / (nfactor(n) * nfactor(m - n))
    Debug.Print "C(" & m & "," & n & ")=" & k
End Sub
```

2. 在工作表中调用函数

自定义函数和系统内置函数一样，可在 Excel 工作表的公式中进行引用。如果不知道 Function 函数的名称或它的参数，可以使用“插入函数”对话框帮助用户向工作表中输入这些参数。例如，在工作表引用例 4.7 编写的 IsLeap 函数填充工作表（图 4.10）中的 B2:B16 区域。

操作步骤如下：

（1）返回到 Excel 窗口，单击选择 B2 单元格。

（2）单击“插入函数”按钮，打开“插入函数”对话框，在“或选择类别”下拉列表中选择“用户定义”选项，下方的函数列表将显示自定义的函数，如图 4.11 所示。

（3）单击选择 IsLeap 自定义函数，单击“确定”按钮，打开如图 4.12 所示的“函数参数”对话框，输入函数所需要的参数。

（4）输入完参数后，单击“确定”按钮，完成 B2 单元格公式的输入，如图 4.13 所示。

（5）拖动智能填充柄，完成 B3:B16 区域公式的智能填充，结果如图 4.13 所示。

	A	B
1	年份	是否是闰年
2	2000	
3	2001	
4	2002	
5	2003	
6	2004	
7	2005	
8	2006	
9	2007	
10	2008	
11	2009	
12	2010	
13	2011	
14	2012	
15	2013	
16	2014	

图 4.10 工作表

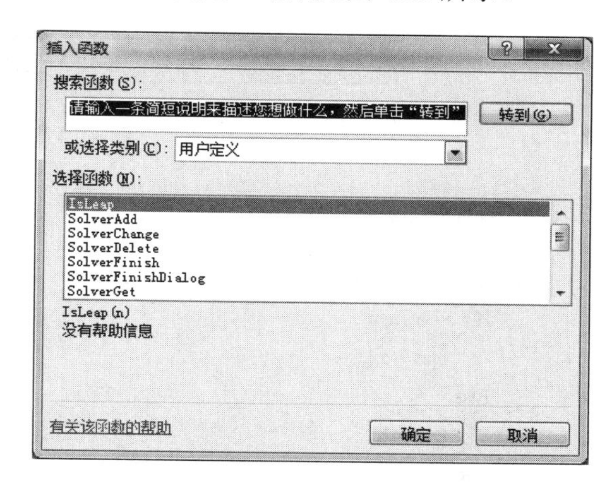

图 4.11 “插入函数”对话框

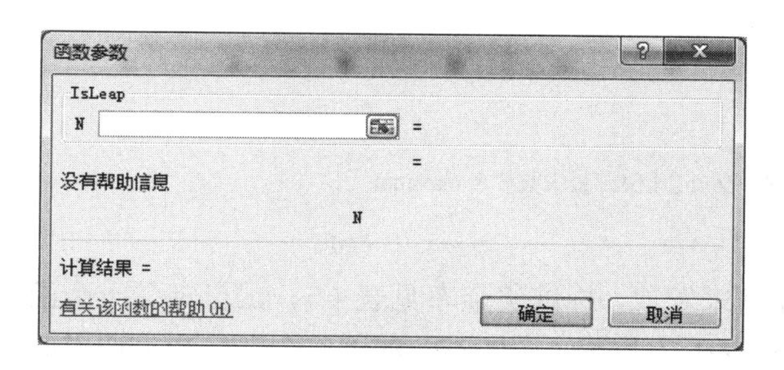

图 4.12 “函数参数”对话框

B2 =IsLeap(A2)

	A	B	C	D	E
1	年份	是否是闰年			
2	2000	TRUE			
3	2001	FALSE			
4	2002	FALSE			
5	2003	FALSE			
6	2004	TRUE			
7	2005	FALSE			
8	2006	FALSE			
9	2007	FALSE			
10	2008	TRUE			
11	2009	FALSE			
12	2010	FALSE			
13	2011	FALSE			
14	2012	TRUE			
15	2013	FALSE			
16	2014	FALSE			

图 4.13 调用自定义函数结果图

4.3.3 Function 函数实例

例 4.9：编写一个自定义函数 max，用于求解两个数的最大数。编写一个 Sub 过程，用 3 个输入框分别输入 3 个数，调用 max 函数，求出这 3 个数的最大数，将结果用消息框输出，运行结果如图 4.14 所示。

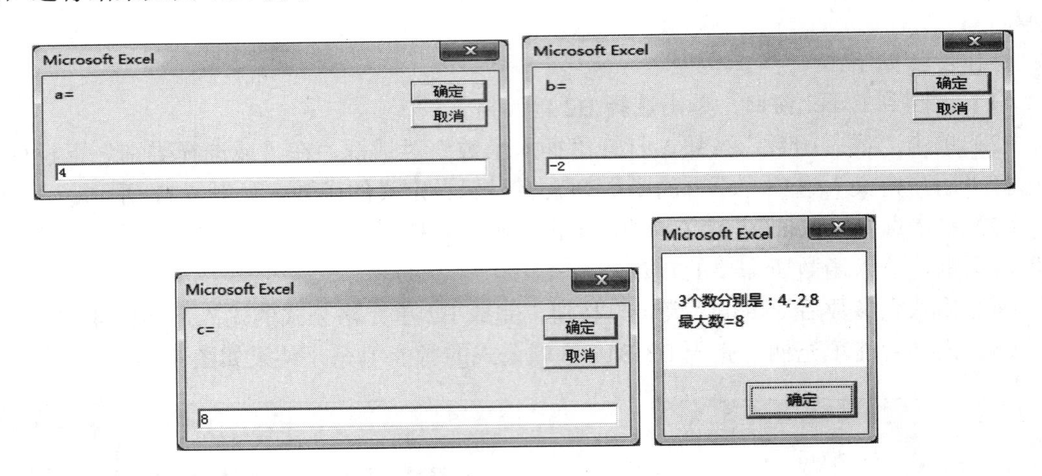

图 4.14 运行结果图

实现代码如下：

```
Function max(a As Integer, b As Integer) As Integer
    If a >= b Then
        max = a
    Else
        max = b
    End If
End Function
Sub example()
    Dim a As Integer, b As Integer, c As Integer
    Dim maxnum As Integer
    a = Val(InputBox("a="))
    b = Val(InputBox("b="))
    c = Val(InputBox("c="))
    maxnum = max(a, b)
    maxnum = max(c, maxnum)
    MsgBox "3 个数分别是：" & a & "," & b & "," & c & vbCrLf & "最大数=" & maxnum
End Sub
```

例 4.10：某企业的年终奖金按销售业绩来发放，标准奖金率见表 4.1，试自定义一个函数 Reward，然后在“员工奖金”工作簿 Sheet1 工作表（图 4.15）的“奖金率”列中调用此函数计算各员工的奖金率。

表 4.1　　　　奖　金　率　表

月销售额	奖金率	月销售额	奖金率
<=3000	4%	15001~30000	12%
3001~8000	6%	30001~50000	16%
8001~15000	9%	>50000	20%

实现代码如下：

```
Function Reward(n As Integer) As Single
    Select Case n
        Case Is <= 3000
            Reward = 0.04
        Case Is <= 8000
            Reward = 0.06
        Case Is <= 15000
            Reward = 0.09
        Case Is <= 30000
            Reward = 0.12
        Case Is <= 50000
            Reward = 0.16
        Case Else
            Reward = 0.2
    End Select
End Function
```

运行结果如图 4.16 所示。

A	B	C	D
姓名	销售业绩	工龄	奖金率
陈柯	¥17,890.00	4	
李丽	¥9,600.00	1	
孔玲	¥9,580.00	6	
张云	¥6,520.00	2	
刘增	¥3,998.00	2	
张军	¥3,750.00	3	
薛凯	¥3,560.00	6	
崔艳	¥3,200.00	5	
张红	¥3,000.00	5	
李艳	¥2,650.00	2	
张磊	¥2,580.00	1	
郑光	¥2,250.00	5	
韩少华	¥1,950.00	3	
李立威	¥1,800.00	3	
王杰	¥1,760.00	2	

图 4.15 “员工奖金”工作簿 Sheet1 工作表

A	B	C	D
姓名	销售业绩	工龄	奖金率
陈柯	¥17,890.00	4	12%
李丽	¥9,600.00	1	9%
孔玲	¥9,580.00	6	9%
张云	¥6,520.00	2	6%
刘增	¥3,998.00	2	6%
张军	¥3,750.00	3	6%
薛凯	¥3,560.00	6	6%
崔艳	¥3,200.00	5	6%
张红	¥3,000.00	5	4%
李艳	¥2,650.00	2	4%
张磊	¥2,580.00	1	4%
郑光	¥2,250.00	5	4%
韩少华	¥1,950.00	3	4%
李立威	¥1,800.00	3	4%
王杰	¥1,760.00	2	4%

图 4.16 调用自定义函数结果图

例 4.11：编写一个自定义函数 ConvertStr，根据第 2 个参数的值将字符串（第 1 个参数）转换为大写、小写或单词首字母大写的不同效果。

实现代码如下：

```
Function ConvertStr(text As String, Optional s As String = "K")
    Select Case s
        Case "K"
            ConvertStr = Application.WorksheetFunction.Proper(text)
        Case "U"
            ConvertStr = UCase(text)
        Case "L"
            ConvertStr = LCase(text)
        Case Else
            ConvertStr = text
    End Select
End Function
```

注意：VBA 创建的自定义函数也可以包含可选参数，但是可选参数必须出现在任何必选参数之后。在参数名称前使用 Optional 关键字，即可将该参数指定为可选参数。

第 2 个参数指定为“K”或省略，表示字符串首字母大写，第 2 个参数指定为“U”，表示字符串所有字母大写，第 2 个参数指定为“L”，表示字符串所有字母小写，第 2 个参数指定为其他内容，则返回原字符串。

	A	B
1	aPPLE	Apple
2	aPPLE	APPLE
3	aPPLE	apple
4	aPPLE	Apple
5	aPPLE	aPPLE
6		

图 4.17 调用函数结果图

如图 4.17 所示为使用该 ConvertStr 函数的一个实例，单元格 B1:B5 中的公式分别如下所示：

```
=ConvertStr(A1,"K")
=ConvertStr(A1,"U")
=ConvertStr(A1,"L")
=ConvertStr(A1)
=ConvertStr(A1,"E")
```

例 4.12：编写一个自定义函数 CountEven，统计某区域偶数的个数，然后在“成绩单”工作簿 Sheet1 工作表（图 4.18）调用此函数计算语文成绩中奇数的个数，将结果写入 C25 单元格。

实现代码如下：

```
Function CountEven(a As Range) As Integer
    Dim b As Range
    For Each b In a
        If b.Value Mod 2 = 1 Then
            CountEven = CountEven + 1
        End If
    Next b
End Function
```

在工作表中调用此函数，结果如图 4.19 所示。

	A	B	C	D	E
1	学号	姓名	语文	数学	英语
2	20041001	毛莉	75	85	80
3	20041002	杨青	68	75	64
4	20041003	陈小鹰	58	69	75
5	20041004	陆东兵	94	90	91
6	20041005	闻亚东	84	87	88
7	20041006	曹吉武	72	68	85
8	20041007	彭晓玲	85	71	76
9	20041008	傅珊珊	88	80	75
10	20041009	钟争秀	78	80	76
11	20041010	周旻璐	94	87	82
12	20041011	柴安琪	60	67	71
13	20041012	吕秀杰	81	83	87
14	20041013	陈华	71	84	67
15	20041014	姚小玮	68	54	70
16	20041015	刘晓瑞	75	85	80
17	20041016	肖凌云	68	75	64
18	20041017	徐小君	58	69	75
19	20041018	程俊	94	89	91
20	20041019	黄威	82	87	88
21	20041020	钟华	72	64	85
22	20041021	郎怀民	85	71	70
23	20041022	谷金力	87	80	75
24					
25	语文成绩中奇数的个数				

图 4.18 “成绩单”工作簿 Sheet1 工作表

C25 =CountEven(C2:C23)

	A	B	C	D	E
1	学号	姓名	语文	数学	英语
2	20041001	毛莉	75	85	80
3	20041002	杨青	68	75	64
4	20041003	陈小鹰	58	69	75
5	20041004	陆东兵	94	90	91
6	20041005	闻亚东	84	87	88
7	20041006	曹吉武	72	68	85
8	20041007	彭晓玲	85	71	76
9	20041008	傅珊珊	88	80	75
10	20041009	钟争秀	78	80	76
11	20041010	周旻璐	94	87	82
12	20041011	柴安琪	60	67	71
13	20041012	吕秀杰	81	83	87
14	20041013	陈华	71	84	67
15	20041014	姚小玮	68	54	70
16	20041015	刘晓瑞	75	85	80
17	20041016	肖凌云	68	75	64
18	20041017	徐小君	58	69	75
19	20041018	程俊	94	89	91
20	20041019	黄威	82	87	88
21	20041020	钟华	72	64	85
22	20041021	郎怀民	85	71	70
23	20041022	谷金力	87	80	75
24					
25	语文成绩中奇数的个数		7		

图 4.19 调用自定义函数结果图

例 4.13：编写一个自定义函数过程 CountColor，用于统计一个区域中与指定单元格的填充颜色相同的单元格个数。

实现代码如下：

```
Function CountColor(a As Range, b As Range)
    Dim r As Range
    For Each r In a
        If r.Interior.ColorIndex = b.Interior.ColorIndex Then
            CountColor = CountColor + 1
        End If
    Next r
End Function
```

在工作表 Sheet1 中调用此函数统计区域A1:F20中与单元格A22填充颜色相同的单元格个数，并将结果填充到B22单元格中，如图4.20所示。

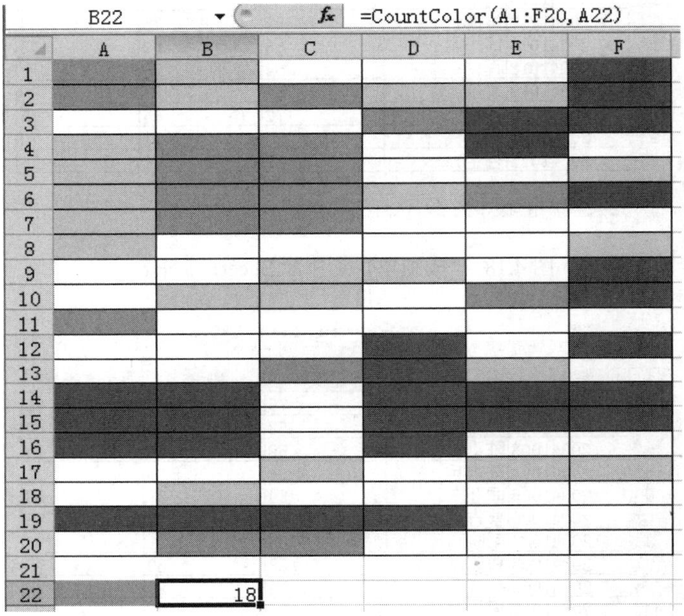

图 4.20　调用自定义函数结果图

4.4 事 件 过 程

事件过程是当发生某个事件（如单击、双击）时，对该事件做出响应的程序段。当事件发生时，将执行包含在事件过程中的代码。VBA 支持很多类事件，大部分事件的代码都需要参数，而这些参数是很难记忆的。为了快速且准确地录入事件类过程，可以通过 VBE 提供的对象与过程窗口的下拉列表完成。

如果要对某个事件进行响应，就必须编写对应的事件处理程序，并将这些程序放在规定的位置上，并且对每个事件处理程序都必须使用系统事先定义好的名称。例如：需要在工作簿打开时实现某些功能，则应对工作簿的 Open 事件编写相关代码，其操作步骤如下：

（1）打开 Visual Basic 编辑器。

（2）在左侧的“工程资源管理器”窗口中列出了当前工程项目中的 Excel 对象，双击其中的 ThisWorkbook 对象，将在右侧打开代码编辑器，如图 4.21 所示。

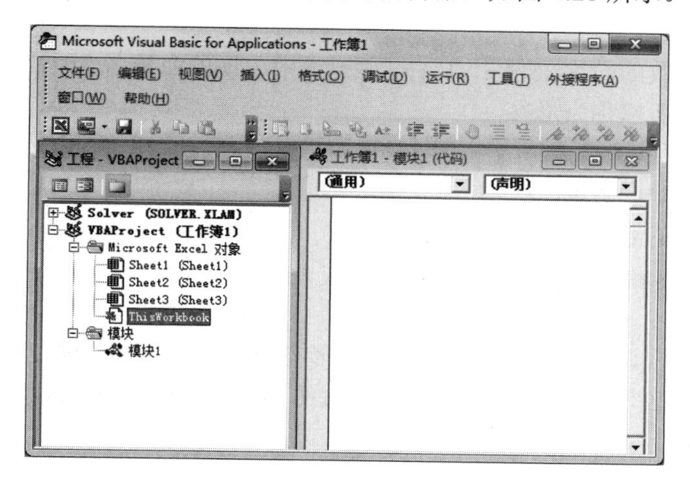

图 4.21　打开工作簿代码窗口

（3）在代码窗口左侧对象下拉列表框中选择 Workbook 对象，如图 4.22 所示。

（4）选择好 Workbook 后，在代码窗口右侧的事件下拉列表框中可看到该对象的事件列表，如图 4.22 所示。

（5）选择好对象和事件后，系统自动生成事件过程的外部结构。在事件过程结构中编写响应该事件的代码即可。

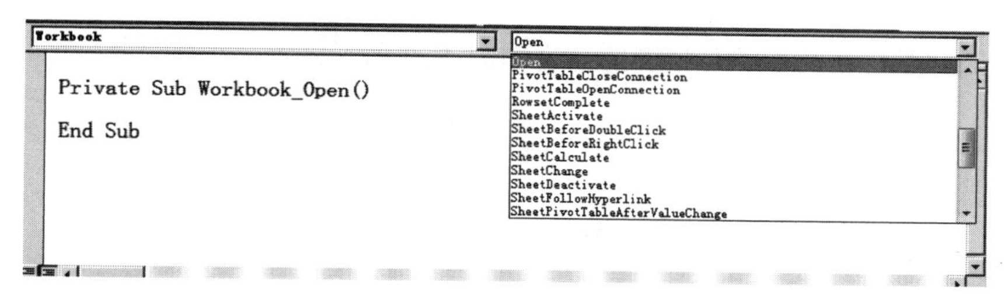

图 4.22　代码窗口

例 4.14： 编写一个事件过程，用于每次打开工作簿文件时，在 Sheet1 工作表的 A1 单元记录文件打开的时间。

实现代码如下：

```
Private Sub Workbook_Open()
    ThisWorkbook.Worksheets(1).Range("a1") = VBA.Now
End Sub
```

4.5 参 数 传 递

一般把被调用的过程称为子过程，调用该子过程的过程称为主过程。用户自定义的子过程只有当它被调用时才会执行相应的代码，同时会把主过程的实参传递给子过程中定义的形参，这就产生了参数传递。

4.5.1 形参与实参

形参是形式参数的简称，是在 VBA 过程定义中出现的变量名。因其没有具体的值，只是形式上的参数，所以称为形参。

实参是实际参数的简称，是在调用过程时传递给过程的值。在 VBA 中实参可为常量、变量、数组或对象类的数据。

4.5.2 形参与实参的结合

在 VBA 中，形参和实参的结合有两种方式。

1. 按位置结合

大多数程序语言调用子过程时按位置结合形参与实参。在这种方式下，调用 VBA 过程时使用的实参次序必须与定义 VBA 过程时设置的参数次序相对应。例如：使用以下代码定义 Sub 子过程：

```
Sub Test(arg1 As Integer, arg2 As String)
    Range("a1") = "我叫" & arg2 & "，今年" & arg1 & "岁"
End Sub
```

子过程定义了 2 个参数，可使用以下语句调用该子过程。

```
Sub Example()
    Call Test(18, "李华")
End Sub
```

此时，Test 子过程的形参与实参的结合如图 4.23 所示。

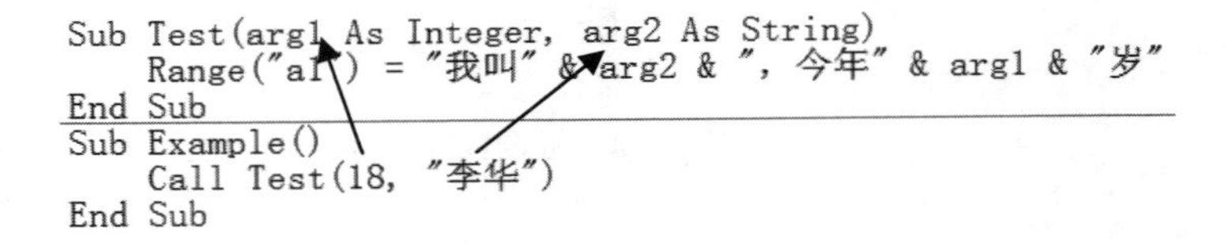

图 4.23 形参与实参的结合

2. 按命名参数方式结合

形参与实参的另一种结合方式是按形参名称来进行的，即在调用 VBA 过程时，输入形参的名称，将形参名称与实参用“：=”符号连接起来。与按位置结合方式不同，使用这种方式时，调用过程的参数位置可随意设置。例如，用命名参数方式调用上面定义的 Test 子过程：

```
Call Test(arg2:="李华", arg1:=18)
```

按命名参数方式结合形参和实参，在输入代码时需要增加一些工作量，但其好处也显而易见，即通过这种方式可改变过程调用的可读性，减少程序出错的可能性。

例 4.15：在“成绩单”工作簿 Sheet1 工作表（图 4.18），将语文、数学和英语成绩均大于 80 分所在的记录行加上黄色底纹，红色字体。

```
Sub Example()
    Dim a As Range, b As Range
    Set b = Range("a1").CurrentRegion.Rows
    For Each a In b
        If Val(a.Cells(columnindex:=3)) > 80 And Val(a.Cells(columnindex:=4)) > 80 _
        And Val(a.Cells(columnindex:=5)) > 80 Then
            a.Interior.ColorIndex = 6
            a.Font.Color = vbRed
        End If
    Next a
End Sub
```

注意：

（1）Cells 属性指定单元格区域中的单元格，语法为：Cells(RowIndex, ColumnIndex)。其中，参数 RowIndex 是可选的，表示引用区域中的行序号。参数 ColumnIndex 是可选的，表示引用区域中的列序号。如果默认参数，Cells 属性返回引用对象的所有单元格。

（2）此题需要访问的语文、数学和英语成绩都是列数据，所以使用命名参数的方式结合形参和实参较为合适。

运行结果如图 4.24 所示。

	A	B	C	D	E
1	学号	姓名	语文	数学	英语
2	20041001	毛莉	75	85	80
3	20041002	杨青	68	75	64
4	20041003	陈小鹰	58	69	75
5	20041004	陆东兵	94	90	91
6	20041005	闻亚东	84	87	88
7	20041006	曹吉武	72	68	85
8	20041007	彭晓玲	85	71	76
9	20041008	傅珊珊	88	80	75
10	20041009	钟争秀	78	80	76
11	20041010	周旻璐	94	87	82
12	20041011	柴安琪	60	67	71
13	20041012	吕秀杰	81	83	87
14	20041013	陈华	71	84	67
15	20041014	姚小玮	68	54	70
16	20041015	刘晓瑞	75	85	80
17	20041016	肖凌云	68	75	64
18	20041017	徐小君	58	69	75
19	20041018	程俊	94	89	91
20	20041019	黄威	82	87	88
21	20041020	钟华	72	64	85
22	20041021	郎怀民	85	71	70
23	20041022	谷金力	87	80	75
24					
25	语文成绩中奇数的个数				

图 4.24 运行结果图

4.5.3 按值传递

在 VBA 中，实参将数据传递给形参有两种方式：一种是把实参的值传递给形参，称为按值传递；另一种是把实参的存储地址传递给形参，称为按地址传递。

按值传递其实是将实参的值作为一个副本赋值给形参（相当于执行一次赋值操作）。定义过程时，在形参的前面添加 ByVal 关键字，则实参与形参之间为按值传递。

在按值传递方式中，形参新建一个存储单元，并把实参的值传递给形参，形参获得了与实参一样的初始值。在 VBA 过程的运行中，形参的值可能发生改变，但由于形参与实参分别占用两个存储单元，所以实参的值并不改变。简单地讲，对于按值传递，形参的变化与实参无关。

对于按值传递，如果实参和形参的数据类型不一致，系统会进行自动类型转换，把实参的类型转换成同形参一样的数据类型，若转换失败，则会产生“类型不匹配”的运行时错误。例如，下面代码运行后，“立即窗口”的输出结果为 5。

```
Sub Example(ByVal x As Integer)
    Debug.Print x
End Sub
Sub Test()
    Dim y As Single
    y = 4.65
    Call Example(y)
End Sub
```

而执行下面的代码时，将产生“类型不匹配”的运行时错误。

```
Sub Example(ByVal x As Integer)
    Debug.Print x
End Sub
Sub Test()
    Dim y As String
    y = "abc"
    Call Example(y)
End Sub
```

4.5.4　按地址传递

形参声明处变量名前的关键字是 ByRef（或者默认），为按地址传递。对于按地址传递，实参应为与形参同类型的变量（数组）名，如果实参变量的数据类型与形参不同，会产生“ByRef 参数类型不符”的编译错误，而如果在调用过程中实参是常量或者表达式，则系统会将其作为按值传递的方式处理。还需注意的是，如果参数传递的对象是数组，那么只能按地址传递。

在按地址传递方式中，形参并不另建存储单元，而是把实参所占的存储地址传递给形参，这样形参与实参就共用同一存储单元。在 VBA 过程的运行中，形参的值可能发生改变，那么这个存储单元的数值也相应发生改变，由于实参与形参是共用该存储单元，故实参的值也相应地发生改变。简单地讲，对于按地址传递，形参的变化同样影响实参。

例 4.16： 按值传递和按地址传递举例。

```
Sub Test(ByRef a As Integer)
    a = a + 1
```

```
    Debug.Print "子过程中的变量 a=" & a
End Sub
Sub Example()
    Dim b As Integer
    b = 3
    Debug.Print "主过程中的变量 b=" & b
    Call Test(b)
    Debug.Print "主过程中的变量 b=" & b
End Sub
```

当 Example 过程运行后，立即窗口的输出结果如下：

```
主过程中的变量 b=3
子过程中的变量 a=4
主过程中的变量 b=4
```

将 Test 子过程参数传递改为按值传递。即：Sub Test(ByVal a As Integer)，当 Example 过程运行时，立即窗口的输出结果如下：

```
主过程中的变量 b=3
子过程中的变量 a=4
主过程中的变量 b=3
```

例 4.17：按值传递和按地址传递举例。

```
Sub Test(ByRef x As Integer)
    x = x + 10
    Debug.Print "子过程中的变量 x=" & x
End Sub
Sub Main()
    Dim y As Integer
    y = 10
    Call Test(y)
    Debug.Print "主过程中的变量 y=" & y
    y = 10
    Call Test((y))
    Debug.Print "主过程中的变量 y=" & y
    y = 10
    Call Test(y + 5)
    Debug.Print "主过程中的变量 y=" & y
End Sub
```

当 Main 过程运行后，立即窗口的输出结果如下：

```
子过程中的变量 x=20
主过程中的变量 y=20
子过程中的变量 x=20
```

主过程中的变量 y=10
子过程中的变量 x=25
主过程中的变量 y=10

例 4.18： 编写一个自定义 Max 函数，用于求解一维数组的最大值。

实现代码如下：

```
Function Max(a() As Integer) As Integer
    Dim i As Integer
    Max = a(1)
    For i = 2 To UBound(a)
        If a(i) > Max Then
            Max = a(i)
        End If
    Next i
End Function
```

编写一个 Sub 过程，随机生成 10 个二位整数，将其 10 个数填充到 Sheet1 工作表的 A2:A11 区域，调用 Max 函数，将结果写入到 B2 单元格。结果如图 4.25 所示。

1	10个数	最大值
2	30	98
3	73	
4	50	
5	64	
6	23	
7	98	
8	79	
9	51	
10	51	
11	70	

图 4.25 运行结果图

实现代码如下：

```
Sub Example()
    Dim a(10) As Integer, i As Integer
    Randomize
    For i = 1 To 10
        a(i) = Int(Rnd * 90 + 10)
        Range("A" & i + 1) = a(i)
    Next i
    Range("B2") = Max(a)
End Sub
```

注意：

（1）数组是通过传地址方式进行传递的。

（2）在函数编写过程中，形参为一个数组，当使用数组作为形参时，必须输入数组名并跟上一对空括号。

（3）在 Sub 过程中调用函数，实参为一个数组，用数组名即可代表数组的地址。

习 题 4

1．判断题

（1）Sub 子过程名在过程中必须被赋值。 （ ）

（2）Function 过程名在过程中必须被赋值。 （ ）

（3）形参声明处如省略传递方式，则为按值传递（ByVal）。 （ ）

（4）长整型数组 a 作过程形参写作“a() as Long”。 （ ）

（5）若实参为常数 5.64，对应的形参为整型，则过程调用时，传递给形参的值为 5。（　　）

（6）调用过程时对形参的改变就是对相应实参变量的改变，则参数需要采用传地址方式。（　　）

（7）执行 Sub 过程中的语句 Exit Sub，使控制返回到过程调用处。（　　）

2. 选择题

（1）在过程定义中用________表示参数传递方式为传值。

A．Var　　B．ByVal　　C．ByRef　　D．Value

（2）在过程中定义的变量，如希望在离开该过程后还能保留变量的值，则应使用________关键字定义该变量。

A．Dim　　B．Public　　C．Private　　D．Static

（3）若某过程声明为 Sub aa(n as integer)，则调用________，实参与形参是按地址传递。

A．Call aa(5)　　B．Call aa(n+1)　　C．Call aa(n)　　D．Call aa(i-1)

（4）编制一个计算 Single 类型一维数组所有元素和的函数过程，该过程可被其他模块调用，其首句为________。

A．Private Function Sum(a(n) As Single,n As Integer) As Single

B．Public Function Sum(a() As Single,n As Integer) As Single

C．Private Function Sum(a() As Single,n As Integer) As Single

D．Public Function Sum(a() As Single,n As Integer) As Long

3. 设计题

（1）编写一个 Sub 过程，使 100 元整钞兑换成 10 元、5 元、2 元零钞，有多少种方案？将所有方案结果写入相应单元格。

（2）编写一个名为 Example 的 Sub 过程，该过程用于输入（利用 InputBox 函数）一个文本，然后调用编写的另外一个名为 MySub 的子过程，MySub 子过程用于在当前活动工作表 A1:A10 区域的各单元格内填上 Example 过程输入的文本，并设置字号大小依次从 10 等差渐变到 28。

（3）编写一个名称为 Practice 的 Sub 过程，该过程用于随机生成一个[3, 9]之间的整数 x，然后调用编写的另外一个名为 MySub 的子过程，MySub 子过程用于在当前活动工作表 A1 单元格起输出 x 行如图 4.26 所示的星号三角形。

	A	B	C	D	E	F	G	H	I	J	K	L	M	N	O
1	*														
2	*	*	*												
3	*	*	*	*	*										
4	*	*	*	*	*	*	*								
5	*	*	*	*	*	*	*	*	*						
6	*	*	*	*	*	*	*	*	*	*	*				
7	*	*	*	*	*	*	*	*	*	*	*	*	*		
8	*	*	*	*	*	*	*	*	*	*	*	*	*	*	*
9															

图 4.26　星号三角形

（4）编写一个自定义函数过程 Birthday，用于从一个身份证号码中取出此证持有人的生日，并把生日显示为“****年**月**日”格式。如：1988-08-18。在工作表 Sheet1 中（图 4.27）调用此函数填充各教师的生日。

1	身份证号	姓名	职称	生日
2	220302560325021	教师1	教授	
3	220302196512080030	教师2	副教授	
4	220302630429023	教师3	教授	
5	220302540710023	教师4	讲师	
6	220302196311170210	教师5	副教授	
7	220302560204021	教师6	教授	
8	220302601007023	教师7	副教授	
9	220303197106204019	教师8	讲师	
10	220303197411212023	教师9	讲师	
11	220302197601220626	教师10	教授	
12	220302721207022	教师11	讲师	
13	220222197212146514	教师12	讲师	
14	220302197904240210	教师13	助教	
15	220302790303042	教师14	副教授	
16	220582197810210013	教师15	副教授	
17	220122800818333	教师16	助教	
18	220204800407484	教师17	讲师	
19	220381790706086	教师18	助教	
20	220802800820092	教师19	助教	

图 4.27 Sheet1 工作表

（5）编写一个自定义函数过程 ComputeLevel，实现通过考试最终得分获取等级：

- A：大于等于 90 分。
- B：大于等于 80 分，小于 90 分。
- C：大于等于 70 分，小于 80 分。
- D：大于等于 60 分，小于 70 分。
- E：小于 60 分。

运行结果图，如图 4.28 所示。

	A	B	C	D
1	学号	姓名	成绩	等级
2	20041001	毛莉	75	C
3	20041002	杨青	68	D
4	20041003	陈小鹰	58	E
5	20041004	陆东兵	94	A
6	20041005	闻亚东	84	B
7	20041006	曹吉武	72	C
8	20041007	彭晓玲	85	B
9	20041008	傅珊珊	88	B
10	20041009	钟争秀	78	C
11	20041010	周旻璐	94	A
12	20041011	柴安琪	60	D
13	20041012	吕秀杰	81	B
14	20041013	陈华	71	C
15	20041014	姚小玮	68	D
16	20041015	刘晓瑞	75	C
17	20041016	肖凌云	68	D

图 4.28 运行结果图

（6）编写一个函数，将阿拉伯数字转换成人民币大写形式，运行结果如图 4.29 所示。

	A	B
1	1234.5	壹仟贰佰叁拾肆元伍角
2		

图 4.29　运行结果图

第 5 章　Excel 的 VBA 对象

VBA 程序要自动操作和控制 Excel 应用程序，则必须通过操作和控制对象（Object）来实现。Excel 程序、工作簿、工作表和单元格等，都是 VBA 操作的对象。所有的对象或者由其他对象组成，或者是其他对象的一部分。例如，工作簿（Workbook 对象）包含有工作表（Worksheet 对象），而 Worksheet 对象则包含单元格（Range 对象）。

所有的 Excel 对象构成了 Excel 的对象模型。Excel 对象模型中包含了 100 多个对象，但基本 VBA 程序设计主要涉及以下 4 个对象：

（1）Application 对象。

（2）Workbook 对象。

（3）Worksheet 对象。

（4）Range 对象。

Excel 中最上层的对象为 Application 对象，代表了 Excel 程序本身，Application 对象包含了数个 Workbook 对象（通过 Workbooks 集合对象引用），Workbook 对象则包含数个 Worksheet 对象，Range 对象则代表了工作簿中的单元格。这就是对象的层次结构，如图 5.1 所示。

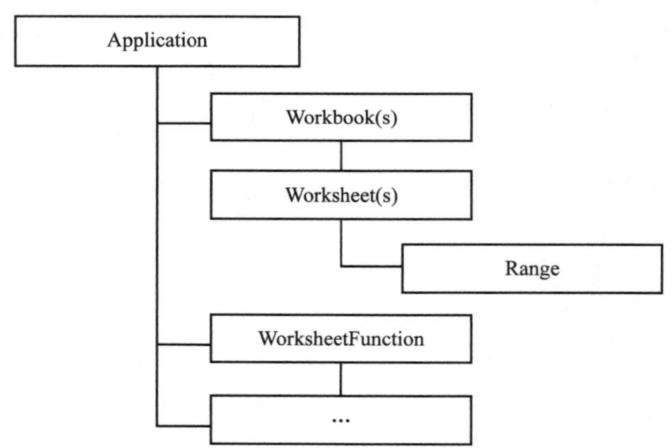

图 5.1　Excel 对象层次结构简图

当一个对象包含另一个对象的多个实例，称为集合（Collection）。例如：Application 对象有 Workbooks 集合，WorkBooks 集合代表了所有打开的工作簿文件；WorkBook 对象有 WorkSheets 集合，WorkSheets 集合中包含了工作簿中的所有工作表。可以通过名称或数字序号来引用其中的 WorkBook 和 WorkSheet。

在代码中要限定一个操作对象，必须通过对象模型的层次结构来实现。

例如，要引用工作簿 Book1 中的工作表 Sheet1 上的单元格 A1，应使用如下代码：

```
Application.Workbooks("Book1").Worksheets("Sheet1").Range("A1")
```

假设 Book1 是 Excel 打开的第一个工作簿，Sheet1 是 Book1 中的第一个工作表，则上述的单元格引用也可以写成如下形式：

```
Application.Workbooks(1).Worksheets(1).Range("A1")
```

其中的 Application 可以省略。当 Excel 只打开工作簿 Book1 时，Workbooks(“Book1”)和 Workbooks(1)也可以省略。

可以通过设置对象的属性或者调用其方法来操作一个对象。例如，可以通过 Name 属性修改活动工作簿中名为 Sheet2 的工作表的名称，并通过 Activate 方法激活它，代码如下：

```
Worksheets("Sheet2").Name = "工资表"或者 Worksheets(2).Name = "工资表"
Worksheets("工资表").Activate
```

下面按 Excel 对象的层次结构分别介绍各 VBA 对象，主要介绍它们的属性、方法和事件在 VBA 程序中的使用方法。关于对象的属性、方法和事件的基本概念，读者可以参考第 1 章的相关内容。

5.1 Application 对 象

Application 对象是 Excel 对象模型最上层的对象，代表了 Excel 应用程序本身。通过 Application，可以对 Excel 系统进行运行环境的设置和总体性控制。请注意：在 Excel 中我们可以同时打开多个工作簿，但 Application 对象始终只有一个。

Application 对象提供了大量属性、方法和事件，用来操作 Excel 程序，下面介绍其中最简单常用的属性、方法和事件。

5.1.1 常用属性

Application 对象的属性有很多，有的属性用来控制 Excel 的状态，有的属性用来返回其他的对象。例如：ScreenUpdating 属性可以控制 Excel 在每次修改数据后是否更新显示修改结果，设置为不显示可以在通过编程方式大量修改数据表数据时提高运行效率；Workbooks 属性返回当前所有打开的工作簿的 Workbook 对象的集合；Sheets 属性可以返回活动工作簿中 Sheet 对象的集合等。

这里提醒读者：在书写代码的时候，Application 对象往往省略。例如，下面 2 个语句是等价的，都是在消息框显示活动工作表的名称。

```
MsgBox Application.ActiveSheet.Name
MsgBox ActiveSheet.Name
```

1. Caption 属性

设置或返回显示在 Microsoft Excel 主窗口标题栏上的名称，可读写属性，值为 String 类型。例如：更改 Excel 标题栏可用如下代码：

```
Application.Caption="MyFirstVBA"
```

2. ActiveSheet 属性

返回活动工作簿中或指定的窗口（工作簿）中的活动工作表，只读属性。如果没有活动的工作表，则返回 Nothing。例如：显示活动工作表的名称。

```
MsgBox "The name of the active sheet is " &Application.ActiveSheet.Name
```

3. ActiveWorkbook 属性

返回活动窗口中的工作簿 Workbook 对象，只读属性。如果没有打开的窗口，或者“信息”窗口或“剪贴板”窗口为活动窗口，则返回 Nothing。例如：

```
MsgBox "The name of the active workbook is " & ActiveWorkbook.Name
```

4. ActiveCell 属性

返回一个 Range 对象，为活动窗口中当前活动单元格，只读属性。如果没有活动窗口，此属性会产生一个错误。例如，下面的语句都是返回活动单元格。

```
ActiveCell
Application.ActiveCell
ActiveWindow.ActiveCell
Application.ActiveWindow.ActiveCell
```

5. ScreenUpdating 属性

设置或返回是否启用屏幕更新，可读写属性，值为 Boolean 类型。

运行宏时，若该属性值为 True，则程序对数据每做一次修改（包括格式设置）屏幕立即刷新显示修改结果，这在修改大批量数据时，不仅降低了宏的执行速度，还会让用户看到 Sheet 页连续轻闪的现象。当该属性为 False 时，将看不到宏的执行过程，但宏的执行速度加快了。当宏结束运行后，请将 ScreenUpdating 属性设置回 True，便于我们在编辑修改 Excel 数据时及时看到修改结果。

例如，下面代码是 ScreenUpdating 两种状态下程序执行的时间测试。经过实际运行，运行时间的差异非常明显，读者可以亲自体验一下。

```
Sub TestTime()
Dim elapsedTime(2) As Double, i As Integer, C As Range
Dim startTime As Date, stopTime As Date
Application.ScreenUpdating = True
For i = 1 To 2
    If i = 2 Then Application.ScreenUpdating = False
    startTime = Time
    Worksheets("Sheet1").Activate
    For Each C In ActiveSheet.Columns
        If C.Column Mod 2 = 0 Then
            C.Hidden = True
        End If
    Next C
    stopTime = Time
    elapsedTime(i) = (stopTime - startTime) * 24 * 60 * 60
Next i
```

```
Application.ScreenUpdating = True
MsgBox "Elapsed time, screen updating on: " & elapsedTime(1) & " sec." & Chr(13) & _
        "Elapsed time, screen updating off: " & elapsedTime(2) & " sec."
End Sub
```

6. Cursor 属性

设置或返回 Excel 中鼠标指针的外观，可读写属性。若值等于 xlDefault（或-4143），鼠标为默认指针；若值等于 xlIBeam（或 3），鼠标为 I 形指针；若值等于 xlNorthwestArrow（或 1），鼠标为西北向箭头指针；若值等于 xlWait（或 2），鼠标为环型指针（运行环境为 Windows 7+Excel 2010）。例如：

```
Application.Cursor = xlWait
```

7. DisplayAlerts 属性

可读写属性，值为 Boolean 类型。如果宏运行时 Excel 显示特定的警告和消息，则该属性值为 True（默认值为 True）。将此属性设置为 False 时，在宏运行时禁止显示提示和警告消息，当出现需要用户应答的消息时，Excel 将选择默认应答。

例如：在关闭工作簿 Book1.xlsx 时，不出现提示用户保存所作更改的对话框，Excel 将不保存对 Book1.xlsx 所做的更改而直接退出。代码如下：

```
Application.DisplayAlerts = False
Workbooks("Book1.xlsx").Close
Application.DisplayAlerts = True
```

注意：正常情况下应该将 DisplayAlerts 属性的值设置为 True，便于显示警告或提示。

8. EnableEvents 属性

可读写属性，值为 Boolean 类型。True：表示启用所有事件；False：表示禁用所有事件。

9. Selection 属性

返回在活动窗口中选定的对象。返回的对象类型取决于当前所选内容（例如，如果选择了单元格，此属性将返回 Range 对象）。如果未选择任何内容，Selection 属性将返回 Nothing。例如，清除活动工作簿中选定单元格内容的代码如下：

```
Application.Selection.Clear
```

10. Sheets 属性

返回活动工作簿中所有的工作表 Sheets 集合，只读属性。

例 5.1：在活动工作簿中新建一张工作表，然后在新工作表第一列中列出活动工作簿中所有工作表的名称。

```
Sub showSheets()
    Dim newSheet, i As Integer
    Set newSheet = Application.Sheets.Add(Type:=xlWorksheet)
    For i = 1 To Application.Sheets.Count
```

```
        newSheet.Cells(i, 1).Value = Application.Sheets(i).Name
    Next i
End Sub
```

11. StatusBar 属性

返回或设置状态栏中的文字，可读写属性。例如：

```
Application.StatusBar = "Please be patient..."
Application.StatusBar = False        '恢复默认设置
```

12. ThisWorkbook 属性

返回一个 Workbook 对象，代表正在运行当前代码的工作簿，只读属性。

ThisWorkbook 是从加载宏自身内部引用加载宏工作簿的唯一途径，ActiveWorkbook 属性不返回加载宏工作簿，而是返回调用加载宏的工作簿。

13. Visible 属性

返回或设置对象是否可见，可读写属性，值为 Boolean 类型。

14. UserName 属性

返回或设置当前用户的名称，可读写属性，值为 String 类型。

15. WindowState 属性

返回或设置窗口的状态，可读写属性。当值为 xlMaximized（或-4137）时，窗口最大化；当值为 xlMinimized（或-4140）时，窗口最小化；当值为 xlNormal（或-4143）时，窗口正常大小。

16. Workbooks 属性

返回 Workbook 对象的集合，这些对象包含对所有打开的工作簿的引用。例如：

```
Workbooks("BOOK1").Activate
```

17. WorksheetFunction 属性

返回调用 Excel 内置函数的容器 WorksheetFunction 对象，只读属性。例如：用工作表函数 Min 求单元格区域 A1:C10 的最小值并显示，可以用以下代码实现：

```
Set myRange = Worksheets("Sheet1").Range("A1:C10")
answer = Application.WorksheetFunction.Min(myRange)
MsgBox answer
```

注意：在实际使用时，可以把 WorksheetFunction 省略，而直接用“Application.函数名()”方式的引用 Excel 的内置函数。提倡尽量使用 Excel 的内置函数以帮助程序代码设计和减少代码的编写工作。

5.1.2　常用方法

Application 对象提供了许多允许执行操作的方法，如重新计算当前数据、撤销对数据的更改等。下面介绍部分常用方法。

1. Quit 方法

通过程序退出 Excel。用法如下：

```
Application.Quit
```

使用此方法时，如果未保存的工作簿处于打开状态，则 Excel 将显示一个对话框，询问是否要保存所作更改。如果不想显示提示对话框，请在使用 Quit 方法前保存所有工作簿或将 DisplayAlerts 属性设置为 False。若 DisplayAlerts 属性为 False，则 Excel 退出时，即使有未保存的工作簿，也不会显示对话框，而且不保存就退出。

2. InputBox 方法

显示一个接收用户输入的对话框，返回此对话框中输入的信息。语法如下：

```
Application.InputBox(Prompt,Title,Default,Left,Top,HelpFile,HelpContextID,Type)
```

说明：

（1）Prompt，必选参数，为 String 型，要在对话框中显示的提示消息。

（2）Title，可选参数，输入框的标题。如果省略该参数，默认标题将为“输入”。

（3）Default，可选参数，用于指定在用户没有输入内容时文本框的默认值，如果省略该参数，文本框将为空。该值可以是 Range 对象。

（4）Left，可选参数，指定对话框相对于屏幕左上角的 X 坐标（以磅为单位）。

（5）Top，可选参数，指定对话框相对于屏幕左上角的 Y 坐标（以磅为单位）。

（6）HelpFile，可选参数，表示此输入框使用的帮助文件名。如果存在 HelpFile 和 HelpContextID 参数，对话框中将出现一个帮助按钮。

（7）HelpContextID，可选参数，HelpFile 中帮助主题的上下文 ID 号。

（8）Type，可选参数，指定返回的数据类型。如果省略该参数，对话框将返回文本。Type 可以是表 5.1 中的一个或几个之和。

表 5.1　　InputBox 方法 Type 代码与返回值数据类型对应表

Type 代码	含　义	Type 代码	含　义
0	公式	8	单元格引用，作为一个 Range 对象
1	数字	16	错误值，如#N/A
2	文本（字符串）	64	数值数组
4	逻辑值（True 或 False）		

若使用几个代码的和，则可以返回多种数据类型。若要显示一个可以接受文本或数字的输入框，则应将 Type 设置为 3（即 1 和 2 之和）。若 Type 设置为 8，那么可以输入一个单元格或单元格区域，或者用鼠标在工作表中选择某个单元格区域。例如：

```
Cells(1,1) = Application.InputBox("输入姓名")
Cells(2,1) = Application.InputBox("输入年龄",Type:=1)
Set myCell = Application.InputBox(prompt:="Select a cell",Type:=8)
```

Application 对象的 InputBox 方法与 VBA 内部的 InputBox 函数是有区别的，主要在于：前者可以对用户的输入进行选择性验证，也可用于 Excel 对象、误差值和公式的输入，而后者不能。

注意：Application.InputBox 调用的是 InputBox 方法，不带对象识别符的 InputBox 调用的是 InputBox 函数。

一般情况下，多使用 InputBox 以显示一个简单的对话框，以便用户可以输入要在宏中使用的信息。此对话框有一个“确定”按钮和一个“取消”按钮。如果选择“确定”按钮，则 InputBox 返回对话框中输入的值；如果单击“取消”按钮，则 InputBox 返回 False。

3. OnKey 方法

用于设置特定键或特定的组合键以运行指定的过程，也可用于屏蔽功能键。语法如下：

```
Application.OnKey(Key,Procedure)
```

说明：

（1）Key 为必选参数，表示要按的键的字符串。Key 参数可指定任何与 Alt、Ctrl 或 Shift 组合使用的键，还可以指定这些键的任何组合。每一个键可由一个或多个字符表示，比如"a"表示字符 a，"{ENTER}"表示 Enter。表 5.2 列出部分非显示字符与代码。

表 5.2　部分按键与代码对照表

按键	对应代码	按键	对应代码
Backspace	{BACKSPACE}或{BS}	←	{LEFT}
Break	{BREAK}	Num Lock	{NUMLOCK}
CapsLock	{CAPSLOCK}	PageDown	{PGDN}
Delete 或 Del	{DELETE}或{DEL}	PageUp	{PGUP}
↓	{DOWN}	→	{RIGHT}
End	{END}	Scroll Lock	{SCROLLLOCK}
Enter	{ENTER}	Tab	{TAB}
Esc	{ESCAPE}或{ESC}	↑	{UP}
Home	{HOME}	F1 到 F15	{F1}到{F15}
Ins	{INSERT}		

还可指定与 Shift、Ctrl 和 Alt 组合使用的键。若要指定与其他键组合使用的键，可使用表 5.3 所对应的代码字符。

表 5.3　组合键与代码字符对应表

要组合的键	在键代码之前添加
Shift	+（加号）
Ctrl	^（插入符号）
Alt	%（百分号）

（2）Procedure 为可选参数，表示要运行的过程名称。如果 Procedure 为空文本("")，则按 Key 时不发生任何操作。如果省略 Procedure 参数，则 Key 恢复为 Excel 中的正常结果，同时清除先前使用 OnKey 方法所做的特殊击键设置。例如：

按 Ctrl++键执行 InsertProc 过程的代码为：

```
Application.OnKey "^{+}", "InsertProc"
```

按 Shift+Ctrl+→键执行 SpecialPrintProc 过程的代码为：

```
Application.OnKey "+^{RIGHT}","SpecialPrintProc"
```

取消（屏蔽）Shift+Ctrl+→键的定义，重新设为正常含义的代码为：

```
Application.OnKey "+^{RIGHT}"
```

按 Shift+Ctrl+→键，不发生任何操作的代码为：

```
Application.OnKey "+^{RIGHT}",""
```

4. OnTime *方法*

用于安排一个过程在将来的特定时间运行（既可以是具体指定的某个时间，也可以是指定的一段时间之后）。语法如下：

```
Application.OnTime(EarliestTime,Procedure,LatestTime,Schedule)
```

说明：

（1）EarliestTime，必选参数，设置指定过程开始运行的时间。使用 Now()+TimeValue(time)可安排经过一段时间（从现在开始计时）之后运行某个过程，使用 TimeValue(time)可安排某个过程在指定的时间运行。如下面的语句分别是设置从现在开始 15 秒后和下午 5 点后运行 my_Procedure 过程。

```
Application.OnTime Now()+TimeValue("00:00:15"),"my_Procedure"
Application.OnTime TimeValue("17:00:00"),"my_Procedure"
```

（2）Procedure，必选参数，为 String 值，要运行的过程名。

（3）LatestTime，可选参数，过程开始运行的最晚时间。例如，如果 LatestTime 参数设置为 EarliestTime+30，且当到达 EarliestTime 时间时，由于其他过程处于运行状态而导致 Excel 不能处于“就绪”、“复制”、“剪切”或“查找”模式，则 Excel 将等待 30 秒让第一个过程先完成；如果 Excel 不能在 30 秒内回到“就绪”模式，则不运行此过程；如果省略该参数，Excel 将一直等待到可以运行该过程为止。

（4）Schedule，可选参数，如果其值为 True（默认值），则预定一个新的 OnTime 过程。如果为 False，则清除先前设置的过程。如下面的语句撤销前例对 OnTime 的设置。

```
Application.OnTime TimeValue("17:00:00"),"my_Procedure",False
```

例 5.2：在 Excel 中实现定时提醒功能，设定上午 9 点 15 分显示一个提示信息。

```
Sub Run_it()
    Application.OnTime TimeValue("9:15:00"),"show_me"
End Sub
Sub Show_me()
    Msgbox "现在是 9 点 15 分，9 点 30 分您有个重要会议！",vbInformation, "提醒"
End Sub
```

5. Calculate 方法

强制重新计算所有打开的工作簿、工作簿中的某张特定工作表或工作表指定区域中的单元格的公式。例如：

```
Application.Calculate
Application.Worksheets(1).Calculate
Application.Worksheets(1).Rows(2).Calculate
```

6. Undo 方法

撤销最后一次用户界面操作。用法如下：

```
Application.Undo
```

本方法仅能撤销运行该宏之前的最后一个用户操作，并且必须将其放到宏的第一行。不能用于撤销代码进行的操作。注意，如果工作簿已经保存，则之前的操作都不能撤销。

7. Union 方法

返回两个或多个区域的合并区域。用法如下：

```
Application.Union(Arg1，Arg2,……)
```

Arg1、Arg2 均为 Range 对象，可以有多个，必须指定至少两个 Range 对象。例如：

```
Application.Union(Rows(3),Rows(5),Rows(7)).Font.Bold =True
```

5.1.3 常用事件

Application 对象除了提供大量属性和方法，还有大量的事件。

Application 对象的事件，根据其名称，就可以比较清楚地知道它们的用途。例如：当任何一个工作表被激活时，会产生 SheetActivate 事件；当任何工作表中的单元格发生变化时，SheetChange 事件会发生；当工作表中的选定区域改变时，SheetSelectionChange 事件会发生。诸如此类的事件有很多。

同时，Application 对象也提供了各种处理 Window 对象的行为的事件。例如，当任何窗体被激活时，WindowActivate 事件就发生了；当任何窗口被停用时，WindowDeactivate 事件会发生。此外，Application 对象还提供了当其与任何 WorkBook 对象交互时发生的事件。例如：当创建一个新工作簿时，NewWorkBook 事件就发生了。

Application 事件一般在类模块和用户窗体中使用，或者通过 WithEvents 语句在类模块或其他模块中响应，不像 WorkBook 和 WorkSheet 事件直接在其模块中书写响应代码。

若要创建 Application 对象事件的事件处理器，需要下列 3 个步骤：在类模块中声明对应于事件的对象变量、编写特定事件过程和初始化已声明的对象。

1. 在类模块中声明对应于事件的对象变量

在为 Application 对象事件编写过程之前，必须创建新的类模块并声明一个包含事件的 Application 类型对象。例如，假定已创建新的类模块并命名为 ClassModule1（类 1），该类模块包含下列代码：

```
Public WithEvents App1 As Application
```

2. 编写特定事件过程

定义了包含事件的新对象后，它将出现在类模块的“对象”下拉列表框中，然后可为新对象编写事件过程。在“对象”下拉列表框中选择新建对象（App1）后，该对象的有效事件将出现在“过程”下拉列表框中，选择其中一个事件，在类模块中就会增加一个过程，如图 5.2 所示。

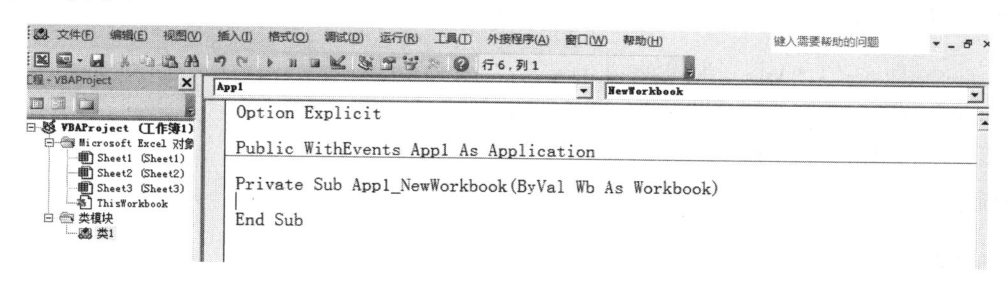

图 5.2　在类模块中事件过程创建示意图

3. 初始化已声明的对象

在运行过程之前，必须将类模块中已声明的对象（如上面声明的 App1）连接到 Application 对象。可在任何模块中使用下列代码：

```
Dim a As new ClassModule1
Sub Link_App()
    Set a.App1=Application
End Sub
```

运行该过程后，类模块中的 App1 对象指向 Application 对象，当事件发生时，将运行类模块中的相应事件过程。

5.2　Workbook　对　象

Workbook 对象代表了 Excel 的一个单一的工作簿。在实际使用中，往往会在 Excel 中打开多个工作簿，这就涉及到另一个概念——Workbooks 集合。Workbooks 集合包含了 Excel 程序中所有打开的工作簿。在引用工作簿时，需要通过 Workbooks 集合来实现。

在 VBA 编程中，经常会用到工作簿的引用，这里介绍 4 种引用 Excel 工作簿的方法。

（1）使用工作簿名称。例如：Workbooks（"工资表.xlsx"）、Workbooks（"销售情况表.xlsx"）等。

（2）使用工作簿的索引号。Excel 在打开或创建工作簿时，会自动给每个工作簿分配一个索引号（Index），第 1 个打开的工作簿的索引号为 1，第 2 个打开的工作簿的索引号为 2，以此类推。因此，可用 Workbooks（Index）来引用 Workbook 对象。

（3）使用 ThisWorkbook。ThisWorkbook 代表 VBA 代码正在运行的工作簿。

（4）使用 ActivateWorkbook。ActivateWorkbook 代表当前处于活动状态的工作簿。

5.2.1　常用属性

Workbooks 对象的属性相对较少，其中最常用的是 Count，表示打开的工作簿数目。Workbook 对象的属性则相对更加丰富。下面介绍 Workbook 对象的常用属性。

1. Name、FullName、Path 属性

都为只读属性，值为 String 类型。其中，Name 属性只返回工作簿的名称，FullName 属性返回工作簿的完整路径名称和文件名，Path 属性只返回工作簿的路径名称，如果某个工作簿从未保存过，则其 Path 属性返回一个空字符串("")。例如：

```
ActiveSheet.Range("A1").Value = ThisWorkbook.Name
ActiveSheet.Range("A2").Value = ThisWorkbook.Path
ActiveSheet.Range("A3").Value = ThisWorkbook.FullName
```

例 5.3：判断某个工作簿是否已经打开。

```
Sub IsBookOpen()
    Dim i As Integer
    For i = 1 To Workbooks.Count
        If Workbooks(i).Name = "MyBook.xlsx" Then
            MsgBox "MyBook 工作簿文件已经打开！"
            Exit Sub
        End If
    Next i
    MsgBox "MyBook 工作簿文件未打开！"
End Sub
```

2. Password 属性

可读写属性，值为 String 类型，返回或设置在打开指定工作簿时必须提供的密码。例如：打开名为 Password.xlsx 的工作簿，设置密码，然后关闭该工作簿。

```
Sub UsePassword()
    Dim wkbOne As Workbook
    Set wkbOne = Application.Workbooks.Open("d:\Password.xlsx")
    wkbOne.Password = InputBox ("Enter Password")
    wkbOne.Close
End Sub
```

则再次打开 Password.xlsx 工作簿时需要提供密码。

3. ReadOnly 属性

只读属性，值为 Boolean 类型，如果对象以只读方式打开，则返回 True，此时，无法将数据保存到工作簿中。例如：下面代码是如果当前工作簿是只读，则将此工作簿另存为 Newfile.xlsx。

```
If ActiveWorkbook.ReadOnly Then
    ActiveWorkbook.SaveAs fileName:="Newfile.xlsx"
End If
```

4. Saved 属性

可读写属性，值为 Boolean 类型，用于获取或设置工作簿的保存状态。如果指定工作簿从上次保存至今未发生过更改（即为保存过更改），则该属性值为 True。如果要关闭某个已更改的工作簿，但又不想保存它或者不想出现保存提示，则可将此属性设为 True。

例如：检查活动工作簿是否有未保存的更改，如果有，则显示一条消息。代码如下：

```
If Not ActiveWorkbook.Saved Then
    MsgBox "This workbook contains unsaved changes."
End If
```

5. Sheets 和 WorkSheets 属性

均为只读属性，返回 Sheets 对象，代表指定工作簿中的所有工作表。Sheets 是 Workbook 包含的工作表集合，它由 Sheet 对象组成。Sheet 对象既可以是 WorkSheet 对象，也可以是 Chart（图表）对象，而 WorkSheet 对象只能是工作表，不能是 Chart。Worksheets 只是 Workbook 中所有的 WorkSheet 的集合。

6. ActiveSheet 属性

只读属性，返回活动工作簿中或指定的窗口中的活动工作表（最上面的工作表）。如果没有活动的工作表，则返回 Nothing。例如，显示活动工作表的名称的代码如下：

```
MsgBox "The name of the active sheet is " & ActiveSheet.Name
```

7. Charts 属性

返回指定工作簿中的所有图表工作表的集合。例如，删除活动工作簿中所有的图表工作表的代码如下：

```
ActiveWorkbook.Charts.Delete
```

5.2.2 常用方法

1. Workbooks 的方法

（1）Add 方法。用于新建一个工作簿。例如：

```
Set newBook = Workbooks.Add
```

（2）Open 方法。用于打开一个已存在的工作簿。例如：

```
Workbooks.Open "d:\Path\Workbook.xlsx"
```

例如，以只读方式打开 abc.xlsx 的代码如下：

```
Workbooks.Open Filename:="d:\Path\abc.xlsx", ReadOnly:=True
```

（3）Close 方法。用于关闭所有打开的工作簿。例如：

```
Workbooks.Close
```

2. Workbook 的方法

（1）Activate 方法。用于激活工作簿。例如：

```
Application.Workbooks(2).Activate
```

（2）Close 方法。用于关闭指定的工作簿，并且可指定是否保存修改。如果工作簿从未保存过，则可以指定一个文件名。例如：下面代码将关闭 Book1.xlsx，并放弃所有对此工作簿的更改。

```
Workbooks("Book1.xlsx").Close SaveChanges:=False
```

（3）Save 方法。用于保存对指定工作簿所做的更改。例如：

```
ActiveWorkbook.Save
```

对于从未保存过的工作簿，Excel 会将其保存在当前文件夹中，并以创建工作簿时所给的名称命名。

例 5.4：保存所有打开的工作簿，并关闭 Microsoft Excel。

```
Sub SaveBk()
    Dim w As Workbook
    For Each w In Application.Workbooks
        w.Save
    Next w
    Application.Quit
End Sub
```

（4）SaveAs 方法。用于保存指定的工作簿。保存时，可以指定名称（Filename）、文件格式（FileFormat）、密码（Password）等。参数较多，这里不再详细介绍，需要时可参看 VBA 帮助文档。例如：

```
ThisWorkbook.SaveAs Filename:="myfile.xlsx"
```

（5）SaveCopyAs 方法。将指定的工作簿另存为一个副本，原文件不变。例如：

```
ActiveWorkbook.SaveCopyAs "d:\TEMP\temp.xlsx"
```

5.2.3　常用事件

1. Open 事件

打开工作簿时发生此事件。例如：打开工作簿时，最大化 Microsoft Excel 窗口。

```
Private Sub Workbook_Open()
    Application.WindowState = xlMaximized
End Sub
```

2. Activate 事件

激活工作簿时发生此事件。

说明：新建窗口时不发生此事件。切换两个显示同一工作簿的窗口时，将发生 WindowActivate 事件，但不发生工作簿的 Activate 事件。

3. BeforeClose 事件

在关闭工作簿之前，先产生此事件。如果该工作簿已经更改过，则本事件在询问用户是否保存更改之前产生。

例 5.5：假设单元格 C60 存放合计值，要求关闭工作簿前，必须填入合计数，否则不允许关闭。

```
Private Sub Workbook_BeforeClose(Cancel As Boolean)
    If Range("C60").Value = "" Then
        Cancel = True
        MsgBox "合计不能为空，不允许关闭！"
    End If
End Sub
```

4. BeforeSave 事件

保存工作簿之前发生此事件。

5. NewSheet 事件

当在工作簿中新建工作表时发生此事件。该事件拥有一个 Object 类型的参数 Sh，其表示新建的工作表，可以是 Worksheet，也可以是 Chart。例如，下列代码用于实现将新建的工作表移到工作簿已有工作表的末尾：

```
Private Sub Workbook_NewSheet(ByVal Sh as Object)
    Sh.Move After:= Sheets(Sheets.Count)
End Sub
```

6. SheetChange 事件

当用户或外部链接更改了工作表中的任何单元格时发生此事件。

7. WindowResize 事件

工作簿窗口调整大小时将发生此事件。

8. SheetActivate 事件

当激活工作表时发生此事件。

5.3 Worksheet 对 象

Worksheet 对象代表了工作簿中的一个工作表，工作簿中的所有工作表组成了 Worksheets 集合，ActivateSheet 代表了当前处于活动状态的工作表，即当前显示的工作表。

与工作簿引用的情形一样，在 VBA 编程中，也会涉及工作表的引用，下面介绍 4 种引用 Excel 工作表的方法。

（1）使用名称。如 WorkSheets("Sheet1")、WorkSheets("成绩表")等。

（2）使用索引号。索引号（Index）是指工作表在工作簿标签栏上位置，以 1 开始，从左向右递增。如 WorkSheets(1) 为工作簿中第一个（最左边的）工作表，WorkSheets(WorkSheets.Count)为最后一个（最右边的）工作表。所有工作表均包括在编号计数中，包括隐藏的工作表。

（3）使用 Sheets 集合。同样可以用名称和索引号。如 Sheets("Sheet1")、Sheets(1)。需注意的是：Sheets 可以包括图表，如 Sheets("Chart1")，而 WorkSheets 不可以。因此，当工作簿中有工作表和图表时，Sheets(1)和 WorkSheets(1)就可能不是同一张表了。

（4）使用 ActivateSheet。ActivateSheet 代表当前工作簿中活动的工作表，可以是工作表，也可以是图表。当工作表处于活动状态时，可用 ActivateSheet 属性来引用它。

5.3.1　常用属性

1. WorkSheets 的属性

（1）Count 属性。返回集合中工作表对象的数量。

```
MsgBox ActiveWorkbook.Worksheets.Count
```

（2）Item 属性。集合中的项目（即工作表），以数组形式存放。例如：

```
Set ws = ActiveWorkbook.Worksheets.Item(1)
```

因为 Item 是集合的默认成员 ，所以上式等价于：

```
Set ws = ActiveWorkbook.Worksheets(1)
```

2. WorkSheet 的属性

（1）Name 属性。可读写属性，值为 String 类型，返回或设置对象的名称。例如，下面的代码演示遍历工作表的名称：

```
Dim sh As Worksheet
For Each sh In Worksheets
    Msgbox sh.Name
Next
```

（2）Visible 属性。可读写属性，值为 Boolean 类型，返回或设置对象是否可见（是否隐藏）。当值为 True 时，工作表可见；当值为 False 时，工作表不可见。例如：

```
Worksheets("Sheet1").Visible = False
```

（3）Index 属性。只读属性，值为 Long 类型，返回对象在其同类对象所组成的集合内的索引号。例如：

```
MsgBox ActiveSheet.Index
```

（4）Previous 和 Next 属性。Previous 指当前工作表的前一个（即左边）工作表，Next 为当前工作表的下一个（即右边）工作表。例如：

```
MsgBox ActiveSheet.Next.Name
```

需注意是上述语句不会激活右边的工作表，如果当前工作表的右边没有工作表，则会出错。对 Previous 也具有同样的特性。

（5）Columns 和 Rows 属性。均为只读属性，返回一个 Range 对象。Columns 代表指定工作表中的所有列，Rows 代表指定工作表中的所有行。如果后面带索引号，如 Columns(i) 或 Rows(i)，则表示工作表的第 i 列或第 i 行。例如：下面语句实现将 Sheet1 的第一列复制到 Sheet2 的第一列。

```
Sheet2.Columns(1).Value = Sheet1.Columns(1).Value
```

（6）Cells 属性。只读属性，返回一个 Range 对象，它代表工作表中的所有单元格（不仅仅是当前使用的单元格）。Cells 属性用指定行和列索引来引用单元格。语法格式为：Cells(RowIndex，ColumnIndex)，其中 RowIndex、ColumnIndex 分别为单元格的行号和列号（列序号）。例如，下面是将 Sheet1 中单元格 C5 的字号设置为 14 磅的语句。

```
Worksheets("Sheet1").Cells(5,3).Font.Size = 14
```

（7）Range 属性。只读属性，返回一个 Range 对象，它代表一个单元格或单元格区域。语法如下：

```
Worksheet 对象.Range(Cell1, Cell2)
```

其中：Cell1、Cell2 为单元格区域，Cell1 为必选项，Cell2 为可选项。

例如，下面的语句分别实现在 A1 产生一个 10 以内的随机数和将 B1:B10 单元格字体加粗。

```
ActiveSheet.Range("A1").Formula = "=10*RAND()"
ActiveSheet.Range("B1:B10").Font.Bold =True
```

下面的代码则表示将 Sheet1 中单元格区域 A1:C5 上的字体样式设置为斜体：

```
Worksheets("Sheet1").Range("A1", "C5").Font.Italic = True
```

（8）UsedRange 属性。只读属性，返回一个 Range 对象，该对象表示指定工作表上所使用的单元格区域。一张工作表中只有一个已使用区域，UsedRange 为左上角单元格地址（最小行号列号标示的单元格）与右下角单元格地址（最大行号列号标示的单元格）组成的矩形区域。

说明：

1）UsedRange 代表已用区域，即非空单元格，如果在某个单元格内输入了空格或设置了该单元格的格式，则 UsedRange 将包含该单元格。

2）如果工作表中所有单元格都未曾使用，则 UsedRange 代表 A1。

3）UsedRange 实际上是一个 Range 对象，可以应用 Range 对象的各种属性和方法。

例 5.6：模仿 Excel 的条件格式设置，对工作表 Sheet1 的所有单元格，凡数值大于等于 90 的字体加粗并用红色显示。

```
Private Sub Format()
    Dim i As Long, j As Long
    With Sheet1.UsedRange
        For i = 1 To .Rows.Count
            For j = 1 To .Columns.Count
```

```
                If .Cells(i, j).Value >= 90 Then
                    .Cells(i, j).Font.Bold = True
                    .Cells(i, j).Font.Color = vbRed
                End If
            Next j
        Next i
    End With
End Sub
```

5.3.2　常用方法

在 VBA 编程中，经常要用到 Worksheets 对象和 Worksheet 对象的多种方法。Worksheets 对象最常用的方法就是 Add，用法如下：

```
WorkSheets.Add(Before, After, Count, Type)
```

其中，参数 Before 用于指定一个工作表对象，表示新建的工作表将置于此工作表之前；参数 After 也用于指定一个工作表对象，表示新建的工作表将置于此工作表之后；参数 Count 表示要添加的工作表数量，其默认值为 1；参数 Type 用于指定工作表类型，常用的取值有 xlWorksheet（普通工作表）和 xlChart（图表工作表），默认值为 xlWorksheet。

需要注意的是，参数 Before 和 After 不可同时指定，否则会产生运行时错误。但参数 Before 和 After 却可同时省略，此时表示将新工作表插入到活动工作表之前。另外，此方法是有返回值的，是一个 Object 类型的对象，代表刚添加的新工作表。例如，下面的代码表示在当前宏工作簿的第 1 个工作表之前插入一个工作表，并命名为 NewSheet。

```
Dim WS1 As Worksheet, WS2 As Worksheet
Set WS1 = ThisWorkbook.Worksheets(1)
Set WS2 = ThisWorkbook.Worksheets.Add(Before:=WS1)
WS2.Name = "NewSheet"
```

Worksheet 对象的方法较多，下面介绍几个常用的方法。

1. Activate 方法

使当前工作表成为活动工作表，调用此方法等同于单击工作表的标签。例如：

```
Worksheets("Sheet1").Activate
```

2. Copy 方法

将工作表复制到工作簿的另一位置。语法如下：

```
Worksheet 对象.Copy(Before, After)
```

说明：

（1）Before 和 After：均为可选参数，表示将复制的工作表放置在指定工作表的之前或之后。如果指定了 Before，则不能指定 After；如果指定了 After，则不能指定 Before。两者只能指定其一。例如：

```
Worksheets("Sheet1").Copy After:=Worksheets("Sheet3")
ActiveSheet.Name = "统计"
```

表示复制工作表Sheet1，并将其放置在工作表Sheet3之后，然后把复制出来的工作表命名为“统计”（Copy方法执行后，副本将被置为活动工作表）。

（2）如果既不指定Before也不指定After，则Excel将新建一个工作簿，其中包含复制的工作表。

3. Delete 方法

删除工作表对象。默认情况下，在删除Worksheet时将显示一个对话框，用于提示用户确认是否删除。

4. Move 方法

将工作表移到工作簿中的其他位置。语法如下：

```
Worksheet 对象.Move(Before, After)
```

说明：

（1）Before和After：均为可选参数，表示将移动的工作表放置在指定工作表的之前或之后。如果指定了Before，则不能指定After；如果指定了After，则不能指定Before。两者只能指定其一。例如：

```
Worksheets("Sheet1").Move After:=Worksheets("Sheet3")
```

表示移动工作表Sheet1，并将其放置在工作表Sheet3之后。

（2）如果既不指定Before也不指定After，则Excel将新建一个工作簿，其中包含移动的工作表。

5. Paste 方法

将“剪贴板”中的内容粘贴到工作表上。语法如下：

```
Worksheet 对象.Paste(Destination, Link)
```

说明：

（1）Destination：可选参数，为Range对象，指定用于粘贴剪贴板中内容的目标区域。如果省略此参数，就使用当前的选定区域。如果指定了此参数，则不能使用Link参数。如果不指定Destination参数，则在使用该方法之前必须选择目标区域。

（2）Link：可选参数，如果为True，则链接到被粘贴数据的源，当数据源改变时，目标数据也将随之改变。如果指定此参数，则不能使用Destination参数。默认值是False。

例如，将工作表Sheet1上单元格区域C1:C5中的数据复制到单元格区域D1:D5中的代码如下：

```
Worksheets("Sheet1").Range("C1:C5").Copy
ActiveSheet.Paste Destination:=Worksheets("Sheet1").Range("D1:D5")
```

6. Protect、Unprotect 方法

保护或撤销保护工作表，效果等同于选择“审阅－保护工作表”，可以添加一个作为密

码的参数。例如：下面的代码是对工作表 Sheet2 设置保护和撤销保护。

```
Worksheets("Sheet2").Protect
Worksheets("Sheet2").Protect ("123")
Worksheets("Sheet2").Unprotect ("123")
```

7. Select 方法

选择一个工作表。例如：下面的代码演示选择工作表 Sheet2。

```
Worksheets("Sheet2").Select
```

5.3.3　常用事件

工作表事件发生在工作表被激活、用户更改工作表中单元格的值等情况下。在编写 VBA 程序时，若要查看工作表的事件过程，可右击工作表标签，再单击快捷菜单中的“查看代码”命令，然后在弹出窗口左侧的“对象”下拉列表框中选择 Worksheet，在右侧的“过程”下拉列表框内选择事件名称。下面介绍工作表的几个常用事件。

1. Activate 事件

激活工作表、图表工作表或嵌入式图表时发生 Activate 事件。新建窗口时不发生此事件。切换两个显示同一工作簿的窗口时，将发生 WindowActivate 事件，但不发生工作簿的 Activate 事件。

例如：在工作表被激活时对区域 C1:C20 排序。

```
Private Sub Worksheet_Activate()
    Range("C1:C20").Sort Key1:=Range("C1"), Order:=xlAscending
End Sub
```

2. Change 事件

当用户更改工作表中的单元格，或外部链接引起单元格的更改时发生 Change 事件。

例如：将更改的单元格的颜色设为蓝色。

```
Private Sub Worksheet_Change(ByVal Target as Range)
    Target.Font.Color = vbRed
End Sub
```

3. SelectionChange 事件

当工作表上的选定区域发生改变时发生此事件。

5.4　Range　对　象

Range 对象是 Excel 应用程序中最常使用的对象，在操作 Excel 内的任何区域之前，都需要将其表示为一个 Range 对象，然后使用该 Range 对象的方法和属性。对于使用过其他编程语言（例如 VB 或者 C）的读者，可以把 Range 看作一个加强的数组或者 Grid 对象。也可以简单地说，Range 就是操作 Excel 内的具体内容（单元格）的对象。

基本上来说，一个 Range 对象代表一个单元格、一行、一列、包含一个或者更多单元格块（可以是连续的单元格，也可以是不连续的单元格）的选定单元格，甚至是多个工作表上的一组单元格。那么如何用 Range 对象表示单元格或单元格区域呢，表 5.4 是引用 Range 对象的最常用方式。

表 5.4　　Range 对象的引用与含义说明

引用示例	含义说明
Range("A1")或 Range("$A$1")	单元格 A1
Range("A1:C5")	从单元格 A1 到单元格 C5 的区域
Range("C1:D9,E5:F20")	多个单元格区域
Range("A:A")	A 列
Range("1:1")	第 1 行
Range("A:D")	从 A 列到 D 列的区域
Range("1:4")	从第 1 行到第 4 行的区域
Range("1:1,3:3,5:5")	第 1、3、5 行
Range("A:A,C:C,E:E")	A、C、E 列

Range 对象具有很多的方法和属性，但没有事件。下面介绍 Range 对象的常用属性和常用方法。

5.4.1 常用属性

1. Value 属性

返回或设置指定单元格的值。例如：下面代码将 Sheet1 上 A1 单元格的值设置为 3.14159。

```
Worksheets("Sheet1").Range("A1").Value = 3.14159
```

例 5.7：设计一个过程，在 Sheet1 的 A1:D10 单元格区域中，如果某单元格的值小于 0.001，则将其值替换为 0。

```
Sub setzero()
    Dim c As Range
    For Each c In Worksheets("Sheet1").Range("A1:D10")
        If c.Value < 0.001 Then
            c.Value = 0
        End If
    Next c
End Sub
```

2. Cells 属性

返回单元格区域中的所有单元格。

可用 Cells(row, column)表示单元格区域中的某个单元格，其中 row 为行号，column 为列标。例如，将 Sheet1 中 A1:C5 单元格区域的字体样式设置为粗体的代码如下：

```
Worksheets("Sheet1").Range(Cells(1,1),Cells(5,3)).Font.Bold = True
```

上述的代码等价于：

```
Worksheets("Sheet1").Range("A1:C5").Font.Bold = True
```

虽然也可用 Range("A1")返回单元格 A1，但有时用 Cells 属性更为方便，因为可以使用变量来指定行列。

例 5.8：在 Sheet1 上创建行号和列标。注意：当工作表激活以后，使用 Cells 属性时，不必再明确声明工作表，可以直接用变量来指定行列。

```
Sub SetUpTable()
    Dim i As Long, j As Long
    Worksheets("Sheet1").Activate
    For i = 1 To 5
        Cells(1, i + 1).Value = 1990 + i
    Next i
    For j = 1 To 4
        Cells(j + 1, 1).Value = "Q" & j
    Next j
End Sub
```

结果如图 5.3 所示。

	A	B	C	D	E	F
1		1991	1992	1993	1994	1995
2	Q1					
3	Q2					
4	Q3					
5	Q4					
6						

图 5.3　使用 Cells 创建表格行列标题

3. Offset 属性

表示指定单元格区域偏移若干行和若干列后的区域。使用方法：Offset(row, column)，其中 row 和 column 分别为行偏移量和列偏移量。例如，下面代码表示激活 Sheet1 中活动单元格向右偏移三列、向下偏移三行处的单元格。

```
Worksheets("Sheet1").Activate
ActiveCell.Offset(3,3).Activate
```

例 5.9：先在活动工作表的 A1 和 B1 单元格中分别填上“随机数”和“是否奇数”，然后在 A2:A6 区域随机产生 5 个两位整数，最后在 B2:B6 用 True 和 False 填上是否为奇数的判断结果，如图 5.4 所示。

```
Sub Example1()
    Dim i As Integer, x As Integer
    Worksheets("Sheet1").Activate
    Cells(1, 1).Value = "随机数"
```

```
    Cells(1, 2).Value = "是否奇数"
    For i = 2 To 6
        x = Int(Rnd * 90) + 10
        Cells(i, 1).Value = x
        If x Mod 2 = 1 Then
            Cells(i, 1).Offset(0, 1) = True
        Else
            Cells(i, 1).Offset(0, 1) = False
        End If
    Next i
End Sub
```

	A	B
1	随机数	是否奇数
2	79	TRUE
3	11	TRUE
4	78	FALSE
5	83	TRUE
6	73	TRUE
7		

图 5.4 产生随机数并进行奇偶判断

4. CurrentRegion 属性

返回当前区域，当前区域是以空行与空列的组合为边界的区域。例如，下面的代码将选定工作表 Sheet1 上的当前区域。

```
Worksheets("Sheet1").Activate
ActiveCell.CurrentRegion.Select
```

5. Columns 和 Rows 属性

返回指定区域中的列和行。可用 Columns(index)表示单元格区域中的某列，用 Rows(Index)表示单元格区域的某行。例如，下面的代码将 B2:D4 区域第 1 列中每一单元格的值置为 0。

```
ThisWorkbook.ActiveSheet.Range("B2:D4").Columns(1).Value = 0
```

下面代码将 B2:D4 区域的第 3 行删除。

```
ThisWorkbook.ActiveSheet.Range("B2:D4").Rows(3).Delete
```

通过其 Count 属性可以获取行数或列数。例如，下面的代码获取区域的行数和列数。

```
Dim i As Long, j As Long, rng As Range
Set rng = ActiveSheet.Range("C1:H26")
With rng
    i = .Columns.Count
    j = .Rows.Count
End With
```

6. Column 和 Row 属性

返回 Range 区域的第 1 列的列号或第 1 行的行号。其中列号为 A 列返回 1，B 列返回 2，依此类推。若要返回区域中最后一列的列号，请使用下列语句。

```
Set myRange = ActiveSheet.Range("C1:H26")
i = myRange.Columns(myRange.Columns.Count).Column
```

例如：

```
MsgBox Worksheets("Sheet1").Range("B3:D12").Column
```

返回值为 2，因为第 1 列是 B。

```
MsgBox Worksheets("Sheet1").Range("B3:D12").Row
```

返回值为 3，因为第 1 行是 3。

7. ColumnWidth 和 RowHeight 属性

返回或设置指定区域所有列的列宽和所有行的行高。

一个列宽单位等于“常规”样式中一个字符的宽度。如果区域中所有列的列宽都相等，ColumnWidth 属性返回该宽度值；如果区域中的列宽不等，且该区域未曾编辑过，则该属性返回区域第 1 列的列宽，否则该属性将返回 null。RowHeight 与此同理。例如，下面的代码将区域中所有列的列宽加倍。

```
With Worksheets("Sheet1").Range("A3.B12")
    .ColumnWidth = .ColumnWidth * 2
End With
```

若要得到某行的行高或某列的列宽，可以用 Height 和 Width 属性。但需要注意的是，这里的行高和列宽以“磅”为单位。例如，下面的代码可以获取 Sheet1 工作表 A 列的列宽。

```
X=Worksheets("Sheet1").Columns("A").Width
```

8. EntireColumn 和 EntireRow 属性

返回指定区域的整列（或多列）和整行（或多行）。

例 5.10：程序的运行效果如图 5.5 所示。某次期中考试结束，老师为了解班上学生的

	A	B	C	D	E	F	G	H
1	学号	姓名	判断题	单选题	选择填空题	程序阅读题	设计题	总分
2	**Xc10520101**	**李双玲**	**8**	**18**	**14**	**14**	**29**	**83**
3	**Xc10520102**	**薛婷**	**8**	**18**	**18**	**18**	**29**	**91**
4	Xc10520103	金凯彬	8	10	8	10	15	51
5	Xc10520104	俞烨林	6	14	12	14	25	71
6	Xc10520105	陈渊	7	14	12	8	26	67
7	**Xc10520106**	**江文海**	**8**	**14**	**16**	**18**	**24**	**80**
8	Xc10520107	廖金生	6	14	12	14	23	69
9	Xc10520108	卢金全	9	12	10	16	29	76
10	Xc10520109	骆枫	6	12	10	8	11	47
11	Xc10520110	陈斌斌	9	10	10	16	17	62
12	Xc10520111	陈华美	8	16	14	10	22	70
13	**Xc10520112**	**陈晶**	**9**	**14**	**16**	**18**	**29**	**86**
14	Xc10520113	陈曦	8	12	14	18	17	69
15	Xc10520114	董霞芳	8	10	16	14	29	77
16	Xc10520115	方忆	8	14	12	14	19	67
17	**Xc10520116**	**顾燕霞**	**9**	**16**	**20**	**16**	**29**	**90**
18	Xc10520117	贺逸珊	8	10	18	10	29	75
19	Xc10520118	胡依真	6	12	14	16	23	71
20	**Xc10520119**	**黄芳**	**9**	**16**	**16**	**16**	**28**	**85**
21	Xc10520120	金婧	7	14	14	12	18	65
22	Xc10520121	蓝霖霖	6	12	16	16	24	74
23	Xc10520122	刘晓芳	5	6	12	6	24	53
24	Xc10520123	唐睿明	7	14	14	12	22	69
25	**Xc10520124**	**王雅新**	**10**	**16**	**14**	**18**	**23**	**81**
26	Xc10520125	姚佳佳	8	14	14	12	24	72
27	Xc10520126	张欣欣	8	12	10	12	24	66
28								
29								
30								

标记成绩

图 5.5　标记成绩优良记录

成绩，尤其是成绩优良的情况。单击“标记成绩”圆角矩形时，将总分不小于 90 的学生成绩记录用红色粗体标示，将总分大于 90 且不小于 80 的学生成绩记录用蓝色粗体标示。

程序代码如下：

```
Sub TheGood()
    Dim vRow As Range
    For Each vRow In Range("A2:H27").Rows
        If vRow.Columns(8).Value >= 90 Then
            vRow.EntireRow.Font.Bold = True
            vRow.EntireRow.Font.ColorIndex = 3
        ElseIf vRow.Columns(8).Value >= 80 Then
            vRow.EntireRow.Font.Bold = True
            vRow.EntireRow.Font.ColorIndex = 5
        End If
    Next
End Sub
```

9. Count 属性

返回指定单元格区域的单元格个数。

注意：Cells、Columns 和 Rows 集合对象也有 Count 属性。

10. CurrentRegion 属性

返回当前区域。当前区域是以空行与空列的组合为边界的区域。例如，下面的代码表示选定工作表 Sheet1 上的当前区域。

```
Worksheets("Sheet1").Activate
ActiveCell.CurrentRegion.Select
```

11. Font 属性

返回一个代表指定对象字体的 Font 对象，用于设定指定区域的字体格式。因其本身是一个对象，有表 5.5 列出的常用属性。

表 5.5　Font 属性的属性与字体效果

字体属性	设置效果	说　明
Name	字体名称	默认为“宋体”
FontStyle	字形：加粗、倾斜	如：Bold Italic 表示字体加粗并倾斜
Size	字号	字号以“磅”为单位
Strikethrough	删除线	默认为 False
Bold	字体加粗	默认为 False
Italic	字体倾斜	默认为 False
Superscript	上标	默认为 False
Subscript	下标	默认为 False
Underline	下划线	默认为“False”，要设置双下划线等请查阅帮助
ColorIndex	颜色编号	为 1、2、…数字序号

其中 ColorIndex 为颜色索引值，指当前调色板中颜色的编号，共有 56 个（索引值为 1～

56）。与之对应的是字体颜色，与字体的 Color 属性一样，可以为字体设置颜色。ColorIndex 与字体颜色和颜色常量对应关系见表 5.6。

表 5.6　　颜色编号、颜色常量和字体颜色对应表

ColorIndex	颜色常量	颜色	ColorIndex	颜色常量	颜色
1	vbBlack	黑色	5	vbBlue	蓝色
2	vbWhite	白色	6	vbYellow	黄色
3	vbRed	红色	7	vbMagenta	洋红
4	vbGreen	绿色	8	vbMagenta	青色

12. Interior 属性

返回一个 Interior 对象，它代表指定对象的内部。通常用来设置指定区域的内部格式。

返回的对象其本身也是一个对象，常用的属性是 ColorIndex 和 Pattern 等，其中 ColorIndex 的取值范围如 Font 对象的 ColorIndex 值；Pattern 表示填充图案，其值为 XlPattern 枚举类型，可以是常量或数值。如：xlPatternGrid 或 15，表示区域内部用网格线填充，因其值较多，这里不再一一介绍，需要时可查阅帮助。

例如，下面的代码实现对 Sheet1 的 A1:C5 区域用红色和水平直线填充。

```
With Worksheets("Sheet1").Range("A1:C5")
  .Interior.ColorIndex = 3
  .Interior.Pattern = 11
End With
```

注意：Cells、Columns 及 Rows 本身也是一个 Range 型的集合对象，因此，它们也具有 Interior、Value、Count、Font 等属性。

13. Locked 属性

返回或设置区域对象是否已被锁定。如果对象已被锁定，此属性将返回 True；如果在工作表处于受保护状态时仍能修改对象，则返回 False；如果指定区域既包含锁定单元格又包含不锁定单元格，则返回 Null。

例如，下面代码用于解除对 Sheet1 中 A1:G37 区域单元格的锁定，以便当该工作表受保护时也可对这些单元格进行修改。

```
Worksheets("Sheet1").Range("A1:G37").Locked = False
Worksheets("Sheet1").Protect
```

14. Address 属性

返回区域的引用地址，默认时返回的是绝对引用。例如，下面代码消息框中显示“$C$1”。

```
Set mc = Worksheets("Sheet1").Cells(1, 3)
MsgBox mc.Address
```

若要返回相对引用，可在 Address 后面加上参数。例如，下面代码消息框中显示“C1”。

```
Set mc = Worksheets("Sheet1").Cells(1, 3)
MsgBox mc.Address(False,False)
```

15. Formula 属性

返回或设置单元格区域的公式。公式以“=”开始，用字符串表示，因此要用双引号括起来。例如：

```
Worksheets("Sheet1").Range("A1").Formula = "=$A$4+$A$10"
Worksheets("Sheet1").Range("A1:E4"). Formula = "=RAND()"
Worksheets("Sheet2").Range("D10"). Formula ="=CountBlank(Sheet1!A1:A20)"
```

在公式中只能使用 Excel 函数，不能使用 VB 内部函数。如果需要引用其他工作表中的单元格时，需要在被引用的单元格前面加上“工作表名!”。

16. End 属性

返回一个包含源区域的区域尾端单元格的 Range 对象。语法为：

```
Range 对象.End(Direction)
```

其中 Direction 为必选项，有 4 个取值：xlDown、xlToRight、xlToLeft、xlUp。等同于按键 End+↓、End+→、End+←或 End+↑。

例如，下面的代码分别为选定包含单元格 B4 的区域中 B 列顶端的单元格和选定区域从单元格 B4 延伸至第 4 行最后一个包含数据的单元格。

```
Range("B4").End(xlUp).Select
Range("B4", Range("B4").End(xlToRight)).Select
```

17. MergeCells 属性

返回单元格或区域是否被包含在一个合并区域中，如果是，则该值为 True。例如，下面的代码为包含单元格 A3 的合并区域赋值。

```
Set ma = Range("a3").MergeArea
If Range("a3").MergeCells Then
    ma.Cells(1, 1).Value = "42"
End If
```

18. MergeArea 属性

返回一个 Range 对象，该对象代表包含指定单元格的合并区域。如果指定的单元格不在合并区域内，则该属性返回指定的单元格。

例如，下面的代码为包含单元格 A3 的合并区域赋值。

```
Set ma = Range("a3").MergeArea
If ma.Address = "$A$3" Then
    MsgBox "not merged"
Else
    ma.Cells(1, 1).Value = "42"
End If
```

5.4.2　常用方法

1. Activate 方法

激活单个或多个单元格，使其成为当前活动单元格。例如：

```
Worksheets("Sheet1").Range("A1").Activate
```

2. Select 方法

选中区域。例如，下面的代码将选定工作表 Sheet1 的单元格区域 A1:C3，并激活单元格 B2。

```
Worksheets("Sheet1").Activate
Range("A1:C3").Select
Range("B2").Activate
```

3. AutoFill 方法

对指定区域中的单元格执行自动填充。语法如下：

```
Range 对象.AutoFill(Destination, Type)
```

其中 Destination 为必选项，Range 类型，是要填充的单元格区域，目标区域必须包括源区域。Type 为可选项，枚举类型，指定填充类型。因其值较多，具体使用可查帮助。

例 5.11：在工作表 Sheet1 的单元格 A1 中键入 10，在单元格 A2 中键入 20，以单元格区域 A1:A2 为基础，对单元格区域 A1:A20 进行等差数列自动填充。

```
Sub Example2()
    Dim SourceRange As Range, fillRange As Range
    Worksheets("Sheet1").Range("A1").Value = 10
    Worksheets("Sheet1").Range("A2").Value = 20
    Set SourceRange = Worksheets("Sheet1").Range("A1:A2")
    Set fillRange = Worksheets("Sheet1").Range("A1:A20")
    SourceRange.AutoFill Destination:=fillRange
End Sub
```

4. AutoFit 方法

更改区域中的列宽或行高调整到最适当的值。

例如，下面的代码将调整工作表 Sheet1 中从 A 到 H 的列，以获得最适当的列宽。

```
Worksheets("Sheet1").Columns("A:H").AutoFit
```

例如，下面的代码将调整工作表 Sheet1 上从 A 到 E 的列，以获得最适当的列宽，但该调整仅依据单元格区域 A1:E1 中的内容进行。

```
Worksheets("Sheet1").Range("A1:E1").Columns.AutoFit
```

5. Copy 方法

将单元格区域复制到指定的区域或剪贴板中。语法为：

```
Range 对象.Copy(Destination)
```

Destination 为可选参数，指定要复制到的新区域。如果省略此参数，Excel 仅将区域复制到剪贴板。

例如，将工作表 Sheet1 上单元格区域 A1:D4 中的内容复制到工作表 Sheet2 上的单元格区域 E5:H8 中的代码为：

```
Worksheets("Sheet1").Range("A1:D4").Copy Destination:=Worksheets("Sheet2").Range("E5")
```

6. Cut 方法

将 Range 对象剪切到剪贴板，或者将其粘贴到指定的目的地。语法为：

```
Range 对象.Cut(Destination)
```

Destination 为可选参数，指定被剪切对象粘贴的目标区域。如果省略此参数，区域对象会被剪切到剪贴板。

例如，下面的代码表示将工作表 Sheet1 上单元格区域 A1:D4 中的内容剪切到工作表 Sheet2 上的单元格区域 E5:H8 中。注意与 Copy 的区别。

```
Worksheets("Sheet1").Range("A1:D4").Cut Destination:=Worksheets("Sheet2").Range("E5")
```

7. PasteSpecial 方法

将 Range 对象从剪贴板粘贴到指定的区域中，可以指定粘贴的方式，相当于“选择性粘贴”。语法为：

```
Range 对象.PasteSpecial(Paste, Operation, SkipBlanks, Transpose)
```

所有参数均为可选项，省略所有参数为粘贴全部内容。其中：

（1）Paste 为要粘贴区域，枚举类型，具体内容等见表 5.7。

表 5.7 Paste 参数的名称、值与说明对照表

名 称	值	说 明
xlPasteAll	-4104	粘贴全部内容
xlPasteAllExceptBorders	7	粘贴除边框外的全部内容
xlPasteAllMergingConditionalFormats	14	将粘贴所有内容，并且将合并条件格式
xlPasteAllUsingSourceTheme	13	使用源主题粘贴全部内容
xlPasteColumnWidths	8	粘贴复制的列宽
xlPasteComments	-4144	粘贴批注
xlPasteFormats	-4122	粘贴复制的源格式
xlPasteFormulas	-4123	粘贴公式
xlPasteFormulasAndNumberFormats	11	粘贴公式和数字格式
xlPasteValidation	6	粘贴有效性
xlPasteValues	-4163	粘贴值
xlPasteValuesAndNumberFormats	12	粘贴值和数字格式

（2）Operation 为粘贴操作，指定工作表中目标单元格的数字数据的计算方式。枚举类型，具体内容等见表 5.8。

表 5.8　　Operation 参数的名称、值与说明对照表

名　称	值	说　明
xlPasteSpecialOperationAdd	2	复制的数据与目标单元格中的值相加
xlPasteSpecialOperationDivide	5	复制的数据除以目标单元格中的值
xlPasteSpecialOperationMultiply	4	复制的数据乘以目标单元格中的值
xlPasteSpecialOperationNone	−4142	粘贴操作中不执行任何计算
xlPasteSpecialOperationSubtract	3	复制的数据减去目标单元格中的值

（3）SkipBlanks，如果为 True，则不将剪贴板上区域中的空白单元格粘贴到目标区域中。默认值为 False。

（4）Transpose，如果为 True，则在粘贴区域时转置行和列。默认值为 False。

例如，下面的代码演示了用单元格 Sheet1 上单元格区域 C1:C5 和单元格区域 D1:D5 原有内容相加之和替换单元格区域 D1:D5 中的数据。

```
With Worksheets("Sheet1")
    .Range("C1:C5").Copy
    .Range("D1:D5").PasteSpecial Operation:=xlPasteSpecialOperationAdd
End With
```

8. Insert *方法*

在工作表中插入一个单元格或单元格区域，其他单元格相应移位以腾出空间。语法为：

```
Range 对象.Insert(Shift,CopyOrigin)
```

其中：（1）Shift 为可选参数，指定单元格的调整方式。可为以下 XlInsertShiftDirection 常量之一：xlShiftToRight（向右移动单元格）或 xlShiftDown（向下移动单元格）。如果省略此参数，Excel 将根据区域的形状确定调整方式。

（2）CopyOrigin 为可选参数，复制的起点。例如：

```
Worksheets("Sheet1").Range("A1:D1").Insert Shift:=xlShiftDown
```

9. Delete *方法*

删除 Range 对象。语法为：

```
Range 对象.Delete(Shift)
```

其中 Shift 为可选参数，指定如何调整单元格以替换删除的单元格。与 Insert 中 Shift 参数值一致。例如：

```
Worksheets("Sheet1").Range("A1:D1").Delete
```

10. AddComment *方法*

为单元格添加批注。例如：

```
Worksheets("sheet1").Range("A1").AddComment ("MyComment")
```

注意：如果给已经有注释的单元格增加注释，会导致一个运行错误，给非单个的单元格增加注释，也会导致一个错误。

11. Clear 方法

清除 Range 内的一切内容，包括注释和格式。例如：

```
Worksheets("sheet2").Range("A1:D12").Clear
```

12. ClearComments 方法

清除注释。例如：

```
Worksheets("sheet2").Range("A1:D12").ClearComments
```

13. ClearContents 方法

清除 Range 的内容，不清除格式和注释。例如：

```
Worksheets("sheet2").Range("A1:D12").ClearContents
```

14. ClearFormats 方法

清除 Range 内的格式。

15. Merge 方法

由指定的 Range 对象创建合并单元格。语法为：

```
Range 对象.Merge(Across)
```

其中 Across 为可选参数，如果为 True，则将指定区域中每一行的单元格合并为一个单独的合并单元格。默认值是 False，整个区域合并为一个单元格。例如：

```
ThisWorkbook.ActiveSheet.Range("A1:D6").Merge
```

16. UnMerge 方法

将合并区域分解为独立的单元格。例如：

```
With Range("A3")
    If .MergeCells Then
        .MergeArea.UnMerge
    Else
        MsgBox "not merged"
    End If
End With
```

习 题 5

1. 判断题

（1）VBA 的对象模型具有层次结构。（ ）

（2）要引用 WorkSheets 集合中的某个工作表，必须以“WorkSheets("工作表名")”这样

的方式引用。（　）

（3）VBA 对象的成员有：属性、方法和事件。（　）

（4）当 Application 的 ScreenUpdating 为 True 时，运行宏代码的速度将更快。（　）

（5）Application.InputBox 调用的是 InputBox 方法，可以省略 Application 对象名，即：Application.InputBox 与 InputBox 两者相同。（　）

（6）Workbook 有 Sheets 和 Worksheets 属性，它们返回的是相同的对象。（　）

（7）WorkSheets(3)与 Sheets(3)一定指的是同一张工作表。（　）

（8）Set ws=ActiveWorkbook.Worksheets.Item(1)与 Set ws=ActiveWorkbook.Worksheets(1)等价。（　）

（9）当新建工作簿（或工作表）窗口时，将发生工作簿（或工作表）的 Activate 事件。（　）

（10）假设 Range 区域的列宽不相等，则其 ColumnWidth 属性返回的是区域第 1 列的列宽。（　）

（11）对象 ActiveWorkbook 与 ThisWorkbook 都是指当前工作簿，它们没有区别。（　）

（12）事件 WorkSheet_Change 与 WorkSheet_SelectionChange 都是发生在工作表内容被改变时。（　）

（13）Cells(1,1)与 Range("A1")都是指 A1 单元格。（　）

（14）MsgBox Worksheets("Sheet1").Columns("A").ColumnWidth 与 MsgBox Worksheets("Sheet1").Columns("A").Width 都是获取工作表 Sheet1 中 A 列的列宽，值相等。（　）

（15）Application 对象代表 Excel 应用程序本身，因此，在 Excel 中同时打开多个工作簿时，就形成了 Application 对象的集合。（　）

2. 选择题

（1）Excel 中最顶层的对象为________对象。

A. Application　　B. WorkSheet

C. Workbook　　D. Range

（2）________总是返回其中正在运行代码的工作簿。

A. ActiveWorkbook　　B. ThisWorkbook

C. Workbook　　D. WorkSheet

（3）________是 WorkBooks 最常使用的属性。

A. Name　　B. Path

C. Count　　D. Open

（4）当工作表的选定区域发生改变时，将触发工作表的________事件。

A. Change　　B. SelectionChange

C. Activate　　D. Select

（5）下面________语句不能正确获取工作表 Sheet1 中 A 列的列宽。

A. MsgBox Worksheets("Sheet1").Columns("A").ColumnWidth

B. MsgBox Worksheets("Sheet1").Range("A:A").ColumnWidth

C．MsgBox Worksheets("Sheet1").Columns("A").Width

D．MsgBox Worksheets("Sheet1").Range("A").ColumnWidth

（6）对 Range 区域进行等差数列或等比数列之类的有规律数据的填充，应选择 Range 的________方法。

A．Copy　　B．AutoFill　　C．AutoFit　　D．PasteSpecial

（7）同时按<Ctrl>与<Enter>键执行“InsertProc”过程的语句是________。

A．Application.OnKey "^{Enter}", "InsertProc"

B．Application.OnKey "+{Enter}", "InsertProc"

C．Application.OnKey "%{Enter}", "InsertProc"

D．Application.OnKey "^+{Enter}", "InsertProc"

（8）________不是 VBA 常用对象的集合。

A．Workbooks　　B．Worksheets　　C．Sheets　　D．Ranges

（9）下列________可以获取区域 Range("C1:H26")的行数。

A．Range("C1:H26").Row　　B．Range("C1:H26").Rows

C．Range("C1:H26").Row.Count　　D．Range("C1:H26").Rows.Count

（10）假设 mc = Worksheets("Sheet1").Cells(3, 3)，则能返回“C$3”的语句是________。

A．MsgBox mc.Address

B．MsgBox mc.Address(False，True)

C．MsgBox mc.Address(False，False)

D．MsgBox mc.Address(True，False)

（11）只清除 Range 对象中的内容，而不清除格式和注释的方法是________。

A．Clear　　B．ClearComments

C．ClearFormats　　D．ClearContents

（12）下列________语句不能实现调整工作表 Sheet1 中从 A 到 E 的列，以获得最适当的列宽。

A．Worksheets("Sheet1").Range("A1:E1").Columns.AutoFit

B．Worksheets("Sheet1").Columns("A:E").AutoFit

C．Worksheets("Sheet1").Range("A:E").Columns.AutoFit

D．Worksheets("Sheet1").Range("A1:E1").AutoFit

3. 设计题

（1）编写程序，在工作簿关闭前检查“成绩”所在区域（假设为 B3:F33）的数值是否为 0~100，若不是，则不允许关闭工作簿，并给出提示信息。

（2）编写一个宏，将工作表 Sheet1 上所有数值小于 60 且大于 0 的单元格的格式设置为红色字体，黄色填充。

（3）编写程序：要求在 A 列的 1~10 行输入序号 1～10，要求用 Range 的 AutoFill 方法。然后调用 EXCEL 的 RAND 和 INT 内部函数，在 B 列的 1～10 行填入 0～1 之间的随机数，在 C 列的 1～10 行填入两位正整数，最后在 C 列的 11 行求出该列的最大数(不能调用 MAX 函数)。

（4）设计一个程序实现如下功能：激活工作表 Sheet1 时（即编写 Worksheet_Activate 事件过程），自动产生一个 10 行×10 列的 100 个 3 位整数，如图 5.6 所示，插入一个圆角矩形，并指定宏，宏的功能是找出 Sheet1 中的 5 的倍数并写入到 Sheet2 的 A 列，如图 5.7 所示。

	A	B	C	D	E	F	G	H	I	J	K	L	M
1	138	512	765	779	840	288	521	881	845	469			
2	516	413	324	826	589	584	664	179	739	332		找出5的倍数	
3	151	347	964	394	682	427	432	394	293	291			
4	480	655	317	717	630	642	170	140	237	321			
5	458	625	358	852	908	573	448	102	325	246			
6	680	983	380	316	890	216	612	646	649	724			
7	865	187	455	840	341	710	456	850	489	852			
8	296	758	909	295	983	969	884	570	685	511			
9	240	678	651	868	430	147	555	149	437	506			
10	368	971	111	685	652	579	126	745	382	983			

图 5.6　程序设计效果图

	A
1	765
2	840
3	845
4	480
5	655
6	630
7	170
8	140
9	625
10	325
11	680
12	380
13	890
14	865
15	455

图 5.7　程序设计效果图

第 6 章　界面设计及应用

在进行 Office 的 VBA 开发之前，通常需要调研一个问题——我们的应用给谁使用？这决定了程序的操作难度及界面感观。

本章将继续以 Excel 2010 作为平台来介绍 VBA 程序的界面设计和应用。Excel VBA 程序的界面类型可以分为两种：一种是直接在工作表中添加需要的控件，结合单元格、图表来作为输入和输出元素，即程序界面就直接布局在工作表中，这种程序界面称为表单界面；另一种是利用用户窗体，在其上面布局各类控件并编写相应代码来扩展 Excel 已有的功能。

6.1　表单界面设计

在 Excel 工作表中可以添加两种不同类型的控件：窗体控件和 ActiveX 控件。通过激活功能区“开发工具”选项卡并单击“控件”组中的“插入”按钮即可看见它们。如图 6.1 所示。

窗体控件（图 6.1 的“表单控件”组中的控件）起源于 Excel 5.0，主要为 Excel 5.0 和 Excel 95 这两个版本的对话框工作表提供控件，当然这些控件也可以嵌在普通工作表和图表中。Excel 97 发布之后，用户窗体取代了对话框工作表，并开始使用 ActiveX 控件。不过，目前的 Excel 仍然支持窗体控件和对话框工作表，事实上，窗体控件在某些方面还优于 ActiveX 控件。例如可以在标准模块中放置过程并可以自定义过程名称就是窗体控件的一大优势。

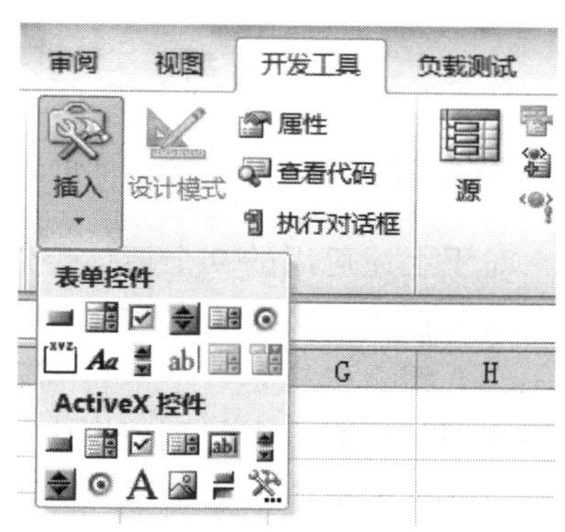

图 6.1　窗体控件和 ActiveX 控件

6.1.1　窗体控件

如图 6.1 中“表单控件”组下的 12 个控件即为窗体控件，从左往右、从上往下依次为：按钮、组合框、复选框、数值调节钮、列表框、选项按钮、分组框、标签、滚动条、文本域、组合列表编辑框、组合下拉编辑框。其中文本域、组合列表编辑框和组合下拉编辑框 3 个控件在 Excel 2010 中是不可用的。

对于已经放置在工作表中的窗体控件，右键单击，在弹出的快捷菜单中能找到一个“设置控件格式”的命令。如图 6.2 所示是复选框控件的快捷菜单。

通过“设置控件格式”命令可以对控件进行格式设置，除了按钮和标签外，其他控件的“设置控件格式”对话框中都有一个“控制”选项卡，在“控制”选项卡中有一个“单元格链接”选项，它能将控件与工作表中的某个单元格相链接。这样，当使用该控件时，相关值就会出现在所链接的单元格中。其中，组合框、数值调节钮、列表框、选项按钮和滚动条等控件的值为数字。例如，如果将一个组合框的数据源区域设置为 B2:B11 且单元格链接设置为 A1（见图 6.3），那么 B2:B11 区域中的内容就会陈列在组合框的下拉列表中，每次从组合框的下拉列表中选择一个项目时，在 A1 单元格中就会出现一个数字，此数字表示选中项目在组合框下拉列表中的索引位置，即在组合框中选了第 2 个项目时，单元格 A1 中会显示数字 2。如果与单元格相链接的是复选框，那么使用该控件时，与控件相链接的单元格显示的是 True（选中）或 False（未选中）。对于不同类型的控件，可利用的选项各不相同，看到的“控制”选项卡是不一样的。

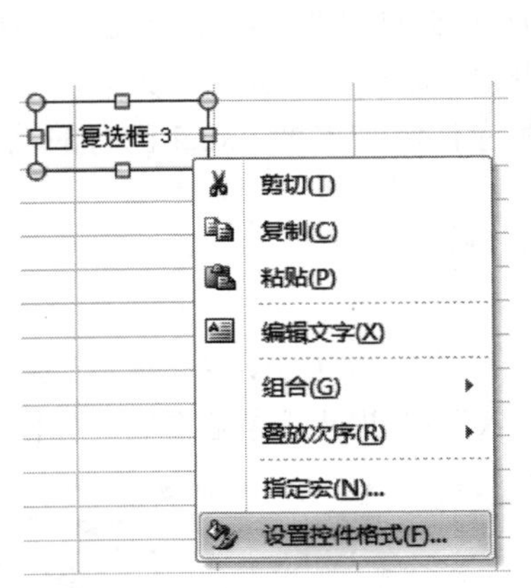

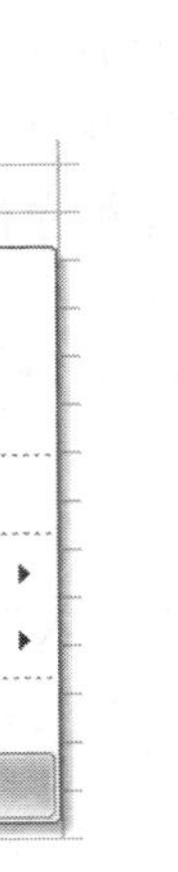

图 6.2 复选框控件的快捷菜单

图 6.3 设置组合框控件的数据源区域和单元格链接

对于上述可用的 9 个窗体控件，它们的主要用途分别如下：

（1）按钮：用于单击时运行相应的宏过程。

（2）组合框：是一个下拉列表框，在下拉列表框中显示的是“数据源区域”引用的单元格区域的内容，在此列表框中选中的项目将显示在下拉按钮左侧的文本框中，同时将选定项目在列表框中的索引号（列表中的第一项为 1）显示在所链接的单元格中。

（3）复选框：用以打开或者关闭某选项，可选中一个或同时选中多个复选框，若选中复选框，则与其相链接的单元格值为 True；若未选择复选框，则与其相链接的单元格值为 False。

（4）数值调节钮：用于增大或减小数值，并将此数值显示在所链接的单元格中。若要增大数值，可单击向上箭头；若要减小数值，可单击向下箭头。

（5）列表框：用于显示项目列表，这些项目是“数据源区域”引用的单元格区域的内容，选中一个项目后，此项目在列表框中的索引号（列表中的第一项为 1）会显示在所链接的单元格中。列表框的功能与组合框基本相似，组合框其实是一个下拉式的列表框。

（6）选项按钮：用于从几个选项中仅选择一个。在与其相链接的单元格中返回选项组中选定的选项按钮的索引号。如图 6.4 所示，“选项按钮 1”和“选项按钮 2”的单元格链接设置为 A1 单元格，则选中“选项按钮 1”时，A1 单元格将显示数值“1”，而选中“选项按钮 2”时，A1 单元格将显示数值 2。

（7）分组框：将相关控件进行分组，如选项按钮控件或复选框控件。直接将选项按钮插入工作表时，系统将所有的选项按钮视为同一组的，即它们中每次只能选中一个选项按钮，但许多情况下，会有可以同时选中多个选项按钮的需求，例如用一些选项按钮控制某个区域的字体名称，而用另外一些选项按钮控制这个区域的字体颜色，这时控制字体名称的选项按钮和控制字体颜色的选项按钮之间就不应该互斥，解决这个问题的方法就是引入分组框，分别将控制字体名称的选项按钮和控制字体颜色的选项按钮放在不同的分组框里面。

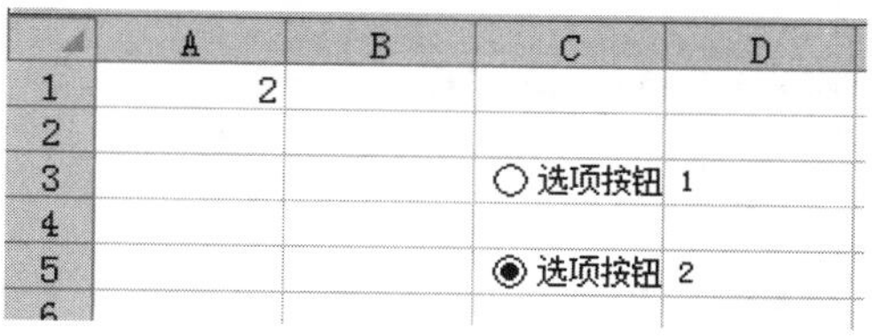

	A	B	C	D
1	2			
2				
3			○ 选项按钮 1	
4				
5			◉ 选项按钮 2	

图 6.4 选项按钮使用示例

（8）标签：用于显示文本信息。

（9）滚动条：用以滚动数据。当单击滚动箭头或拖动滚动块时，可以滚动一定区域的数据；当单击滚动箭头与滚动块之间的区域时，可以滚动整页数据。滚动块在滚动条中的相对位置表示其当前值；最小值为滚动块处于垂直滚动条的最上端或水平滚动条的最左端的位置；最大值为滚动块处于垂直滚动条的最下端或水平滚动条的最右端的位置；步长为单击滚动条任意一侧的箭头时，滚动块所移动的距离；页步长为单击滚动块与箭头之间的区域时，滚动块移动的距离。与控件相链接的单元格返回滚动块的当前位置，即滚动条的当前值。

例 6.1：利用窗体控件实现图 6.5 所示的格式设置界面和相应的格式编辑功能。

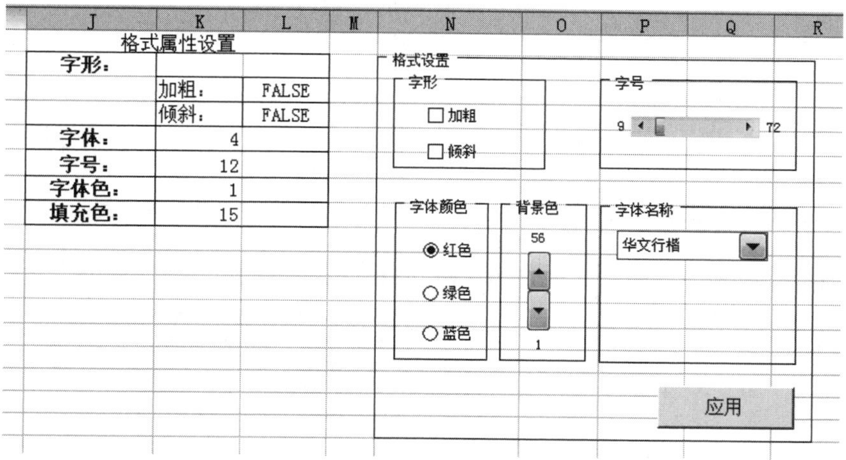

格式属性设置		
字形：		
	加粗：	FALSE
	倾斜：	FALSE
字体：	4	
字号：	12	
字体色：	1	
填充色：	15	

格式设置
字形：☐加粗 ☐倾斜
字号：9 ◂ ▸ 72
字体颜色：◉红色 ○绿色 ○蓝色
背景色：56 ▲ ▼ 1
字体名称：华文行楷 ▼
应用

图 6.5 利用窗体控件实现数据区域格式设置功能

通常，人们习惯使用功能区“开始”选项卡“字体”组中的相关命令实现数据区域的字体格式设置。不过，也可以利用窗体控件设计出更具交互性的字体格式设置界面。本例中，除了引用了 6 个分组框外，还引用了 2 个复选框、3 个选项按钮、1 个数值调节钮、1 个滚动条、1 个组合框和 1 个按钮。这些窗体控件的控件格式设置分别如图 6.6～图 6.11 所示。

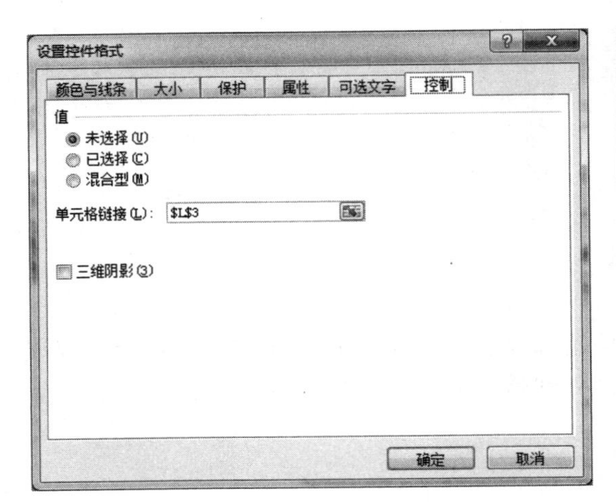

图 6.6 “加粗”复选框“控制”格式设置

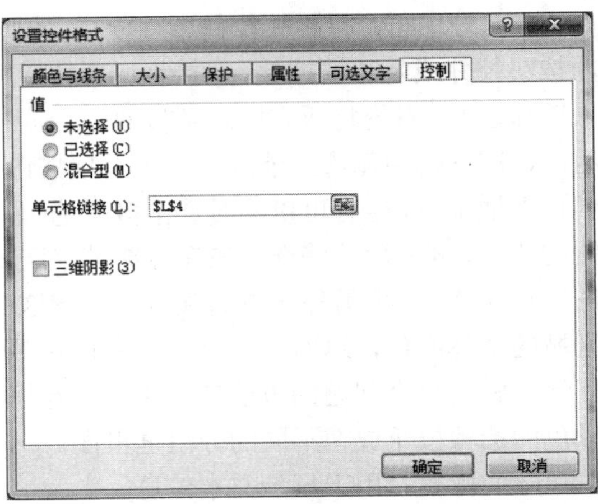

图 6.7 “倾斜”复选框“控制”格式设置

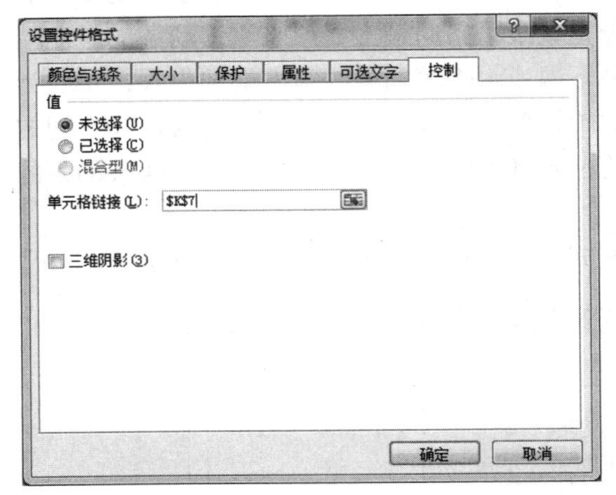

图 6.8 字体颜色选项按钮组的“控制”格式设置

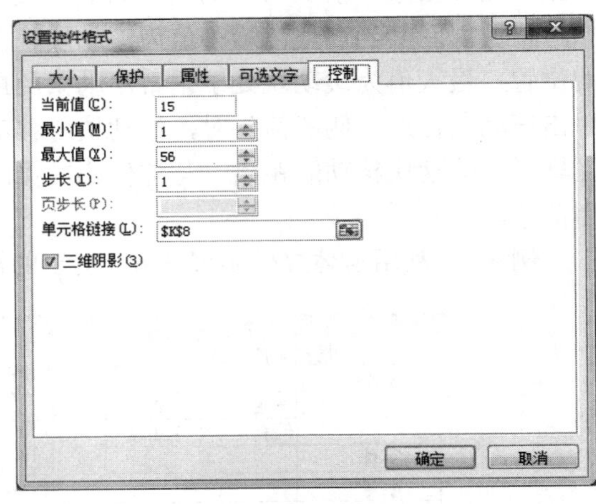

图 6.9 “背景色”数值调节钮的“控制”格式设置

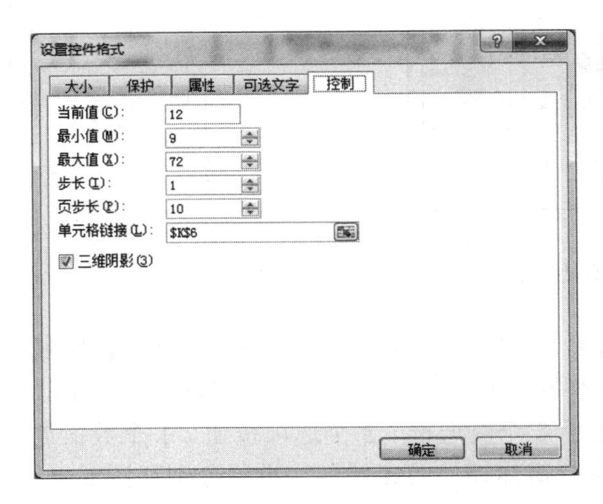

图 6.10 “字号”滚动条的“控制”格式设置

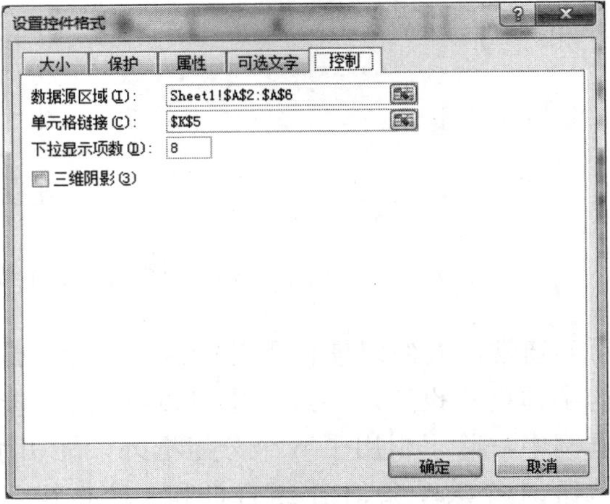

图 6.11 “字体名称”组合框的“控制”格式设置

窗体控件的格式设置完毕后，操作它们时，与它们链接的单元格就会显示对应的设置值，这些值即可当作设置数据区域字体格式的参数，不过要使这些参数能实际改变数据区域的字体格式，还需要编写一个宏，并将这个宏指定给“应用”按钮，最后通过单击“应用”按钮来完成字体格式设置。本例中，编写的宏名为 SetFont，具体的代码如下。

```
Sub SetFont()
    Dim vSel As Range, vFnt
    If MsgBox("确定要应用此格式设置吗？", vbYesNo, "格式设置") = vbNo Then
        Exit Sub
    End If
    Set vSel = Application.Selection
    vFnt = Array("宋体", "楷体", "隶书", "华文行楷", "方正舒体")
    With vSel.Font
        .Bold = Range("L3").Value
        .Italic = Range("L4").Value
        .Size = Range("K6").Value
        Select Case Range("K7").Value
            Case 1
                .Color = vbRed
            Case 2
                .Color = vbGreen
            Case 3
                .Color = vbBlue
        End Select
        .Name = vFnt(Range("K5").Value - 1)
    End With
    vSel.Interior.ColorIndex = Range("K8").Value
End Sub
```

6.1.2 ActiveX 控件

图 6.1 中“ActiveX 控件”组下的控件即为 ActiveX 控件，它们看上去与“表单控件”组中的窗体控件相同，功能也相似，但它们却属于不同类型的控件，ActiveX 控件的功能更强大，在使用方法上与窗体控件也不相同，每个 ActiveX 控件均有属性、方法和事件。

在工作表中插入 ActiveX 控件时，系统会自动切换到“设计模式”，此时可以单击选中 ActiveX 控件以设置它的属性或切换到代码窗口编辑程序代码。如图 6.12 所示。如果要设置控件的属性则单击“属性”按钮即可，而如果要编辑程序代码，则单击“查看代码”按钮。当需要运行控件的事件过程时，只要先退出“设计模式”，再单击该控件，即可由事件触发程序来执行。

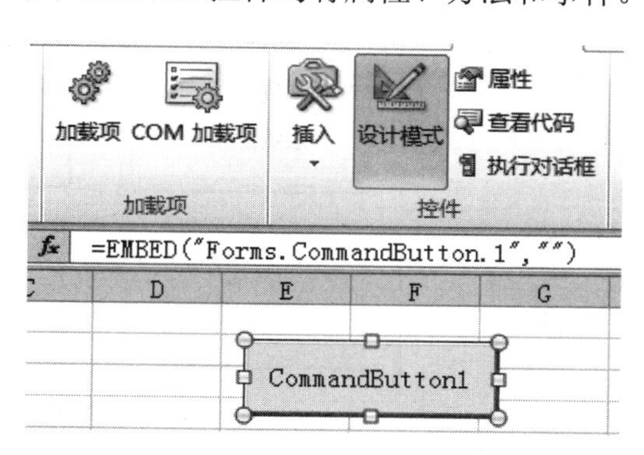

图 6.12　ActiveX 控件的设计模式

要使用窗体控件来执行程序代码的话，

只能通过指定宏的方式来实现，而宏代码是存储在标准模块中的，窗体控件本身没有事件。ActiveX 控件则不一样，它们拥有自己的事件，它们的事件过程是存储在控件本身所在的表单对象中的，如工作表 Sheet1 等。这是窗体控件与 ActiveX 控件区别比较大的地方之一。如图 6.13 所示，“按钮 1”是窗体控件，CommandButton1 是 ActiveX 控件，右侧的是它们分别对应的宏代码和事件过程。

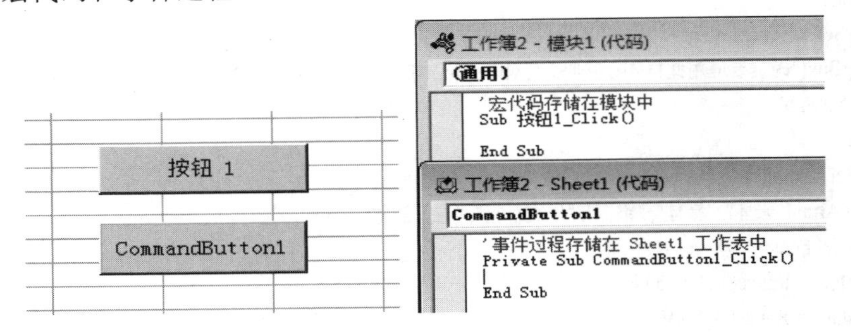

图 6.13　窗体控件与 ActiveX 控件的区别

Excel 自带的 ActiveX 控件有 11 种：命令按钮（CommandButton）、组合框（ComboBox1）、复选框（CheckBox）、列表框（ListBox）、文本框（TextBox）、滚动条（ScrollBar）、数值调节钮（SpinButton）、选项按钮（OptionButton）、标签（Label）、图像（Image）和切换按钮（ToggleButton）。除此还可以在工作表中插入某些应用程序安装时注册在计算机中的控件。命令按钮、组合框、复选框、列表框、文本框、滚动条、数值调节钮、选项按钮及标签的用途与窗体控件中的相应控件相似，只是用法不同，本书不再一一详述，请读者参考有关文献。

例 6.2：利用 ActiveX 控件实现如图 6.14 所示的格式设置界面和相应的格式编辑功能。

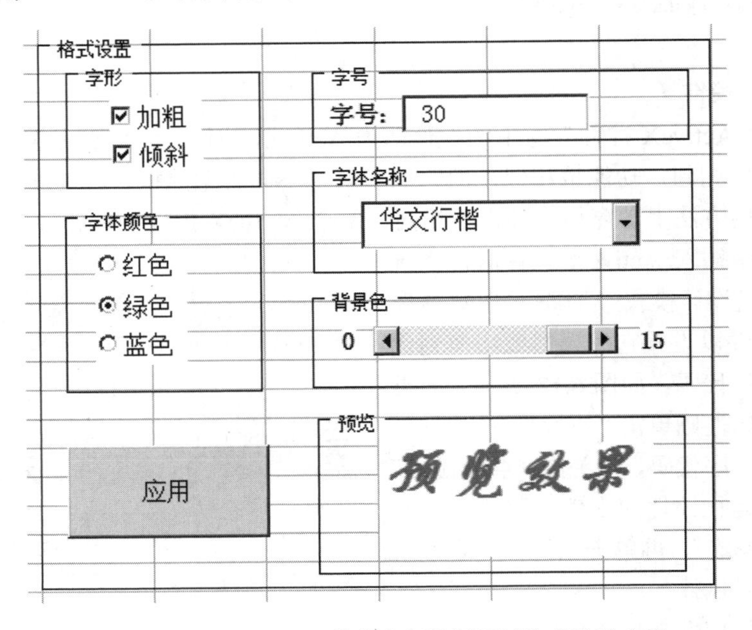

图 6.14　利用 ActiveX 控件实现数据区域格式设置功能

相对于例 6.1，也可以利用 ActiveX 控件来设计数据区域字体格式设置的交互界面，由于不用设置控件与单元格链接，而能够直接编写控件的事件过程，因此表单界面设计起来相对更加简洁，各控件的外观也不在“设置控件格式”对话框中设置，而是通过“属性”窗口来完成。例如，图 6.15 是例 6.2 用于设置背景色的滚动条的属性窗口及相关属性的设置情况，其中滚动条的最小值 Min 为 0、最大值 Max 为 15，单击滚动条两端箭头时滑块的移动值 SmallChange 为 1，单击滚动条滑块与两端箭头中间空白区域时滑块的移动值 LargeChange 为 5，当前滑块所处的位置 Value 为 15。

本例的效果应用方式是在各 ActiveX 控件设置后，将所对应的字体格式先用一个标签（Label4）作为预览，最后在单击“应用”命令按钮时，才将预览标签的字体格式应用于选中的数据区域。整个示例的程序代码如下。

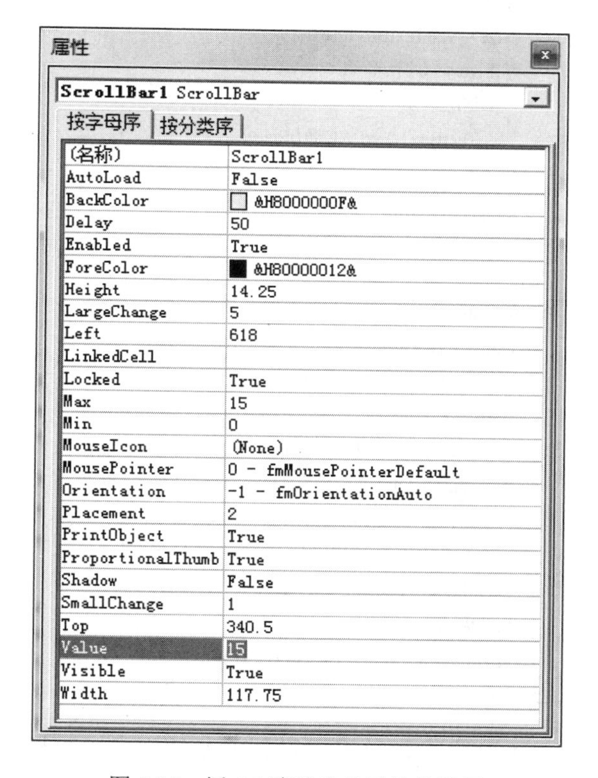

图 6.15 例 6.2 滚动条的属性值设置

```
'激活工作表时，先初始化字体名称组合框
Private Sub Worksheet_Activate()
    ComboBox1.Clear
    ComboBox1.AddItem "宋体"
    ComboBox1.AddItem "楷体"
    ComboBox1.AddItem "隶书"
    ComboBox1.AddItem "华文行楷"
    ComboBox1.AddItem "方正舒体"
End Sub
'加粗 复选框
Private Sub CheckBox1_Click()
    Label4.Font.Bold = CheckBox1.Value
End Sub
'倾斜 复选框
Private Sub CheckBox2_Click()
    Label4.Font.Italic = CheckBox2.Value
End Sub
'字体名称 组合框
Private Sub ComboBox1_Change()
    Label4.Font.Name = ComboBox1.List(ComboBox1.ListIndex)
End Sub
'红色 选项按钮
Private Sub OptionButton1_Click()
    Label4.ForeColor = vbRed
End Sub
'绿色 选项按钮
Private Sub OptionButton2_Click()
    Label4.ForeColor = vbGreen
End Sub
'蓝色 选项按钮
```

```
Private Sub OptionButton3_Click()
    Label4.ForeColor = vbBlue
End Sub
'背景色滚动条
Private Sub ScrollBar1_Change()
    Label4.BackColor = QBColor(ScrollBar1.Value)
End Sub
'字号 文本框
Private Sub TextBox1_Change()
    Dim iSize As Single
    iSize = Val(TextBox1.Text)
    If iSize <= 0 Then
        iSize = 9
        TextBox1.Text = CStr(iSize)
    End If
    Label4.Font.Size = iSize
End Sub
'应用 命令按钮
Private Sub CommandButton1_Click()
    Dim vSel As Range
    Set vSel = Application.Selection
    With vSel.Font
        .Name = Label4.Font.Name
        .Size = Label4.Font.Size
        .Color = Label4.ForeColor
        .Bold = Label4.Font.Bold
        .Italic = Label4.Font.Italic
    End With
    vSel.Interior.Color = Label4.BackColor
End Sub
```

总而言之，表单界面设计就是使用电子表格作为程序界面，即将 Excel 工作表作为界面的设计区域，在其中根据需要运用电子表格的单元格、图表、公式及窗体控件或者 ActiveX 控件设计用户交互界面。

6.2　用户窗体界面设计

界面设计的另一种方式是为 Excel 添加自定义窗体（UserForm），并在窗体上添加按钮、图片、文本框等控件，以此构成一个图形用户界面，作为一个自定义窗口或者对话框，供用户与程序进行交互。

6.2.1　用户窗体

用户窗体实质上是用户自定义对话框，用来显示信息以及允许用户输入数据或修改数据。MsgBox 函数和 InputBox 函数已经为显示消息和获取输入数据提供了方便，不过用户窗体却能实现更丰富的功能。使用用户窗体，几乎能够实现标准 Windows 对话框中所有的功能。

1. 插入用户窗体

在 VBE 窗口中执行“插入”→“用户窗体”命令，即可插入一个空白的窗体。如图 6.16 所示。插入后的窗体名称（默认为 UserForm1）会出现在工程资源管理器窗口中。

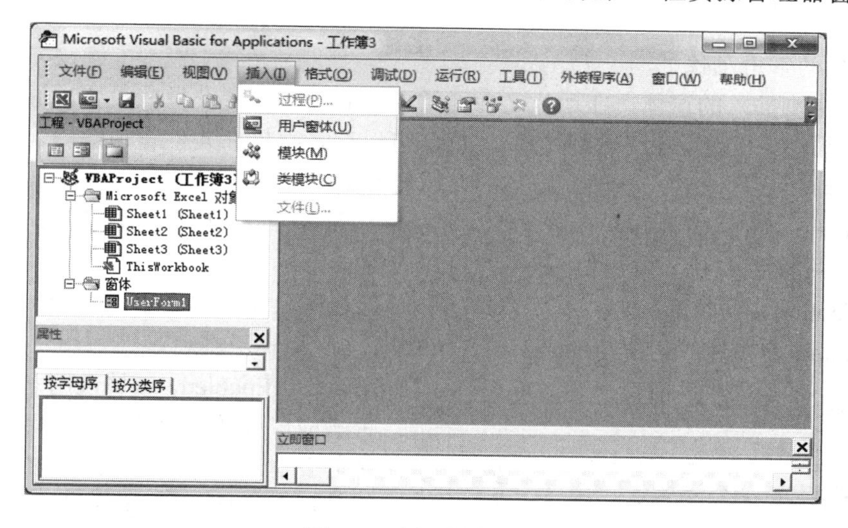

图 6.16 插入用户窗体

除了上面的方法，在 VBE 窗口的工程资源管理器窗口内右键单击，然后选择快捷菜单中的“插入”→“用户窗体”命令，也可以插入一个窗体。

2. 显示用户窗体

窗体设计完毕及相关程序代码编辑后，就可以让窗体进入运行模式以完成相关的程序功能。运行并显示窗体的方法通常有两种：

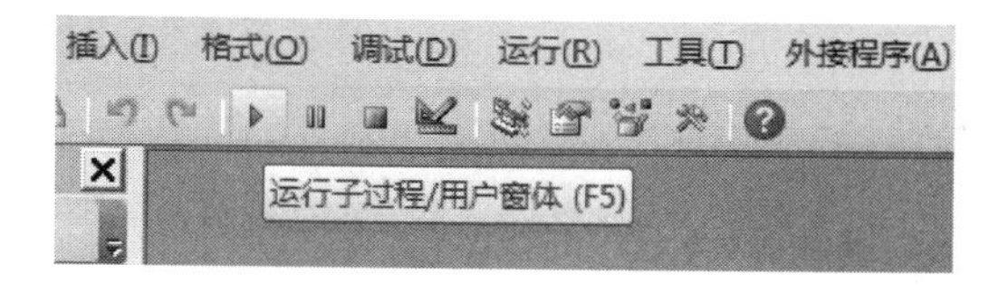

图 6.17 “运行子过程/用户窗体”按钮

（1）选中窗体，然后单击“标准”工具栏中的“运行子过程/用户窗体”按钮，如图 6.17 所示。也可以直接按 F5 功能键启动窗体。另外，还可以执行“运行”→“运行子过程/用户窗体”命令来达到启动窗体的目的。

（2）在代码中使用 UserForm 对象的 Show 方法来启动窗体。假设用户窗体的名称为 UserForm1，则启动此窗体的语句为：

```
UserForm1.Show
```

如果只是将用户窗体加载到内存，但使该窗体不可见，则可以使用 Load 语句，如：

```
Load UserForm1
```

如果要将一个窗体置为不可见，即将其在屏幕上隐藏，则可以使用 UserForm 对象的

Hide 方法，如：

```
UserForm1.Hide
```

而若要将窗体从内存中移除，则应该使用 UnLoad 语句，如：

```
UnLoadUserForm1
```

3. 窗体的常用属性

对于一个刚插入的窗体，在运行之前通常要对其外观等特征做些设置，这就涉及到了窗体属性的设置。当然，对于窗体的属性值，可以选择直接在属性窗口编辑，也可以选择在程序运行时用代码来动态修改。窗体的常用属性如下：

（1）Name。窗体的名称，它是窗体对象的标识符。Name 属性是只读的，它的值只能在属性窗口中设置，在程序代码中是不允许修改的。

（2）Caption。窗体的标题栏文字，即窗体顶部边框上显示的文字。对于一个新建的窗体，它的 Caption 属性的初值与 Name 属性值相同。

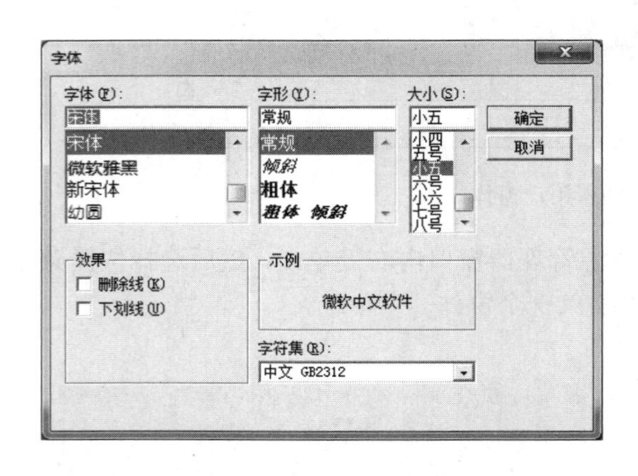

图 6.18　字体对话框及默认选项

（3）Enabled。该属性用来设置窗体是否响应鼠标或键盘的事件。属性值为 True 时，窗体能够对用户触发的事件做出反应；相反，窗体将不响应鼠标或键盘事件。该属性的默认值为 True。

（4）Font。该属性用来设置窗体上字体的样式、大小、字形等。在属性窗口，单击其右边的按钮将弹出如图 6.18 所示的字体对话框，从中可进行字体的设置。

图 6.18 所示对话框中各选项的设置，在程序代码中可用相应的 Font.Name（字体名称）、Font.Bold（加粗）、Font.Italic（倾斜）、Font.Size（大小）、Font.Strikethrough（删除线）和 Font.Underline（下划线）等属性实现。

（5）BackColor。窗体的背景颜色。新建窗体的背景颜色默认为灰色，如果要改成其他颜色背景，则可修改此属性。

（6）Picture。在窗体中显示的图片，可将磁盘中 BMP、GIF 和 JPEG 等类型的图片作为窗体的背景图片。

4. 窗体的常用事件

用户窗体能识别的事件很多，其中比较常用的有以下几个：

（1）Click。用户窗体启动后，在窗体的空白位置单击时，就会触发窗体的 Click 事件。若要编写窗体的 Click 事件过程，可在代码窗口的对象下拉框中选中 UserForm，然后在过程下拉框中选择 Click，系统将自动生成事件的过程头和过程尾，最后只需在该框架中间添加程序语句。或者在设计模式下，直接在用户窗体空白处双击，系统自动切换至代码窗口并生成 Click 事件的过程头和过程尾。例如，下面的程序实现在单击窗体 UserForm1 时将其位置定在屏幕的左上角，同时把尺寸缩小一倍。

```
Private Sub UserForm_Click()
    UserForm1.Move 0, 0, UserForm1.Width / 2, UserForm1.Height / 2
End Sub
```

（2）Initialize。Initialize 事件发生在用户窗体加载之后、显示之前，该事件过程一般用来完成对控件属性或变量的初始化。例如，下面代码用于实现在用户窗体启动后即刻在窗体标题栏显示当前工作簿的名称。

```
Private Sub UserForm_Initialize()
    Dim sName As String
    sName = ActiveWorkbook.Name
    UserForm1.Caption = sName
End Sub
```

（3）QueryClose。QueryClose 事件发生在用户窗体关闭之前，即当用户窗体被关闭时，系统会先触发此事件以完成一些未完成的任务，然后才真正关闭用户窗体。例如，如果用户尚未在任何一个 UserForm 中保存新数据，则应用程序可以通过 QueryClose 事件来提示用户保存。

QueryClose 事件有两个参数：Cancel 和 CloseMode。其中 Cancel 表示是否禁止关闭窗体，当其值为 0 时，表示可以关闭窗体，当其值为非 0 的其他整数时，表示禁止关闭窗体；CloseMode 表示窗体的关闭模式，如果用户是单击窗体右上角的“关闭”按钮来关闭窗体的，则其值为 0，如果是由代码调用 Unload 语句来关闭窗体的，则其值为 1。

下列代码演示了用户如果要关闭窗体的话，只能单击窗体，而阻止其单击窗体标题栏上的“关闭”按钮。

```
Private Sub UserForm_Click()
  Unload Me
End Sub
Private Sub UserForm_QueryClose(Cancel As Integer, CloseMode As Integer)
    '阻止用户单击“关闭”按钮来关闭窗体
    If CloseMode < > 1 Then Cancel = 1
    UserForm1.Caption = "The Close box won't work! Click me!"
End Sub
```

6.2.2 使用控件

用户窗体通常需要结合标签、文字框（文本框）、列表框、复合框（组合框）、命令按钮、复选框、选项按钮和许多其他 ActiveX 控件来完成应用程序的功能。在用户窗体上插入 ActiveX 控件需要借助“工具箱”来完成，“工具箱”是存放各种 ActiveX 控件的工具栏，如图 6.19 所示。

如果控件工具箱不可见，除了单击“标准”工具栏的“工具箱”按钮可以将其显示出来外，也可以通过“视图”→“工具箱”命令来打开它。

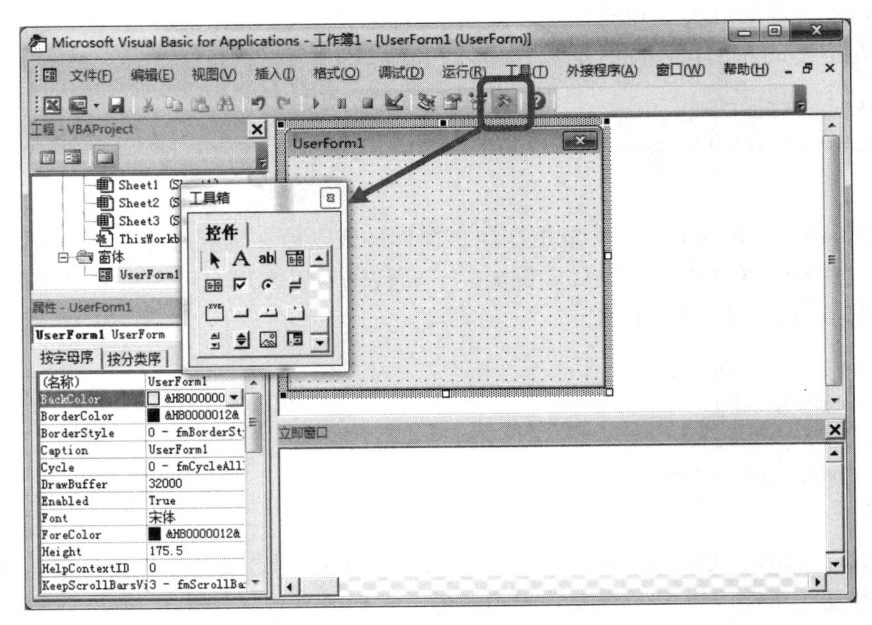

图 6.19　控件工具箱

在控件工具箱中选取某个控件，然后在窗体上拖曳，就可以将此控件添加到窗体上了。如果要一次添加多个相同类型的控件，可以在控件工具箱中双击此控件，然后在窗体上多次拖曳，要停止添加此控件时，单击控件工具箱中的“选取对象”即可。

1. 控件的公共属性

每个控件都有很多属性，但有些属性适用于大部分常用控件，接下来将一些常用的公共属性做简单的介绍。

（1）AutoSize。AutoSize 属性用于设置控件对象是否自动调整大小以显示其完整的内容，其有两个取值：False 和 True。当取值为 False 时，表示控件的尺寸保持不变，如果内容超出了控件的区域，内容将被剪裁；当取值为 True 时，表示控件可自动调整大小以显示其完整的内容。

（2）BackColor。BackColor 属性用于设置对象的背景色，其取值是一个整数，可以采用任意整数来表示某一种有效的颜色，也可以采用由红、绿、蓝三种色素构成的 RGB 函数来指定某种颜色，每一种色素的值为 0～255 的任意整数。例如：语句“Label1.BackColor = 4966415”和语句“Label1.BackColor = RGB(15, 200, 75)”均表示把标签 Label1 的背景色设置为青色。不过，需要注意的是只有在对象的 BackStyle 属性设为 fmBackStyleOpaque 时，才能看到它的背景色。

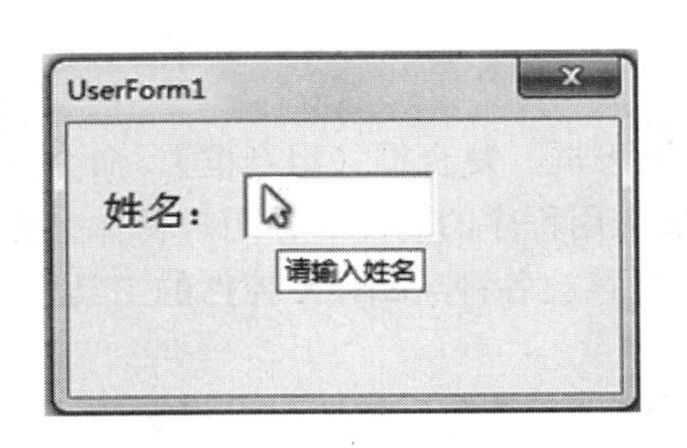

图 6.20　文字框的文本提示

（3）ControlTipText。ControlTipText 属性指在窗体运行状态下当用户将鼠标指针移到控件上时所显示的文本提示，如图 6.20 所示，在窗体运行时，将鼠标移动到文字框上方，就会显示“请输入姓名”的文本提示，这个效果就是通过设置文字框的 ControlTipText 属性来实现的。ControlTipText 的默认值为空字符串，此时，该控件无任何提示。

（4）Enabled。Enabled 属性用于设置一个控件能否接受焦点和响应用户触发的事件。当 Enabled 属性的值为 False 时，控件显示为浅灰色，用户不能使用鼠标、击键或热键处理该控件，不过仍可通过代码访问该控件。如图 6.21 所示，窗体上有两个命令按钮，其中 CommandButton1 的 Enabled 属性值为 False，它呈浅灰色，不会响应用户的操作，而 CommandButton2 的 Enabled 属性值为 True，它可以响应用户的操作。

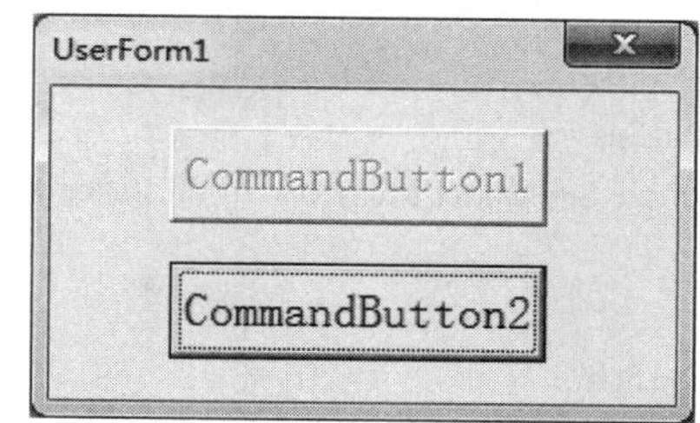

图 6.21　命令按钮是否可用

（5）Visible。Visible 属性用于设置一个对象是可见的还是被隐藏的，当其值为 True 时，对象是可见的，当其值为 False 时，对象是隐藏的。需要注意的是，Visible 属性只有在程序运行时才会起作用，在界面设计时，所有控件都是可见的。

2. 控件的公共事件

每个控件都会有自己独特的响应事件，不过有许多事件却是大多数控件都拥有的，接下来对一些常用的公共事件做简单的介绍。

（1）Enter。一个控件只要它能接受焦点就具有 Enter 事件，当焦点置于一个控件上时，Enter 事件就发生了，它的语法是：

```
Private Sub Object_Enter()

End Sub
```

其中，Object 是一个有效的对象名称。例如，下面的代码演示了文字框的 Enter 事件使用方法，当焦点进入文字框 TextBox1 时，就会弹出一个消息框。

```
Private Sub TextBox1_Enter()
    MsgBox "你的光标进入到 TextBox1 文本框中了！"
End Sub
```

（2）Exit。同 Enter 事件一样，如果一个控件能获取焦点，那么它就会拥有 Exit 事件。一个控件的 Exit 事件发生在焦点从其身上转移到另一个控件上之时，它的语法为：

```
Private Sub Object_Exit(ByVal Cancel As MSForms.ReturnBoolean)

End Sub
```

其中，Object 是一个有效的对象名称，参数 Cancel 用于设置是否由该控件本身处理此事件，如果设为 False，则表示由该控件处理这个事件（这是默认方式），而如果设为 True，则表示由应用程序处理这个事件，并且焦点不会离开当前控件。

（3）MouseDown 和 MouseUp。当用户在控件上按下鼠标按键时发生 MouseDown 事件；用户释放鼠标按键时发生 MouseUp 事件。它们的语法如下：

```
Private Sub Object_MouseDown( ByVal Button As fmButton, ByVal Shift As fmShiftState, ByVal X As Single, ByVal Y As Single)

End Sub
Private Sub Object_MouseUp( ByVal Button As fmButton, ByVal Shift As fmShiftState, ByVal X As Single, ByVal Y As Single)

End Sub
```

其中，Object 是一个有效的对象名称，Button 表示是哪个鼠标按键触发了该事件，Shift 表示触发此事件时除了鼠标按键外还使用了 Shift、Ctrl 和 Alt 中的某个功能键或它们的组合键，X 和 Y 表示触发此事件时鼠标在窗体或框架上的横坐标和纵坐标位置。Button 参数的取值范围见表 6.1，Shift 参数的取值范围见表 6.2。

表 6.1　MouseDown 和 MouseUp 事件的 Button 参数值设置

常　量	值	说　明
fmButtonLeft	1	按下左键
fmButtonRight	2	按下右键
fmButtonMiddle	4	按下中键

表 6.2　MouseDown 和 MouseUp 事件的 Shift 参数值设置

值	说　明	值	说　明
1	按下 Shift	5	同时按下 Alt 和 Shift
2	按下 Ctrl	6	同时按下 Alt 和 Ctrl
3	同时按下 Shift 和 Ctrl	7	同时按下 Alt、Shift 和 Ctrl
4	按下 Alt		

（4）MouseMove。当用户在一个控件上移动鼠标时触发该控件的 MouseMove 事件。它的语法为：

```
Private Sub Object_MouseMove( ByVal Button As fmButton, ByVal Shift As fmShiftState, ByVal X As Single, ByVal Y As Single)

End Sub
```

其中，Object 及参数 Button、Shift、X 和 Y 的含义可参考 MouseDown 和 MouseUp 事件。当鼠标指针在对象上移动时，MouseMove 事件连续发生。只要鼠标位于对象的边界之内，对象就会不断识别 MouseMove 事件，直至其他对象“捕捉”到了鼠标为止。例如，下面的代码可以实时捕捉鼠标在窗体上的坐标位置，并将横坐标和纵坐标分别显示在标签 Label1 和 Label2 中。

```
Private Sub UserForm_MouseMove(ByVal Button As Integer, ByVal Shift As Integer, ByVal X As Single, ByVal Y As Single)
    Label1.Caption = X
```

```
    Label2.Caption = Y
End Sub
```

移动窗体也能产生 MouseMove 事件，即使鼠标是静止的。例如，当窗体在鼠标指针下移动时，便会产生 MouseMove 事件。如果两个控件靠得很近，且很快将鼠标指针移过两控件之间的空间，则对于该空间 MouseMove 事件可能不会发生。在这种情况下，就可能需要在两个控件中响应 MouseMove 事件。

6.2.3 常用控件

在控件工具箱中，有标签（Label）、文字框（TextBox，又叫文本框）、复合框（ComboBox，又叫组合框）、列表框（ListBox）、复选框（CheckBox）、选项按钮（OptionButton）、框架（Frame）、命令按钮（CommandButton）、多页（MultiPage）、滚动条（ScrollBar）、旋转按钮（SpinButton，又叫数值调节钮）、图像（Image）和引用文本框（RefEdit）等控件，下面重点介绍几个常用的控件。

1. 标签

标签（Label）在工具箱中的图标为**A**，运行时它只能显示文本，不能进行编辑，主要用来显示用户不需要修改的文字。在程序中，标签通常作为数据输入或输出的附加描述，如出现在文字框的左边，以提示用户文字框的用途等。除了前一节介绍的相关公共属性外，标签还有几个常用的属性：

（1）Caption。该属性用来设置标签要显示的内容，是标签最重要的属性。其默认值与 Name 属性值相同，如 Label1、Label2、……

在程序代码中，可在设置标签的 Caption 属性值的语句中连接上 vbCrLf 常量或 Chr(13)+Chr(10)函数组合，使得标签显示的内容进行换行。例如：

```
Label1.Caption = "Hello," + vbCrLf + "欢迎使用 VBA ！"
```

（2）BackStyle。该属性用于设置标签的背景是否透明，默认值为 1，即不透明；若设为 0，则背景透明，即无背景色。

2. 文字框

文字框（TextBox）又称文本框，在工具箱中的图标为**ab|**，是 VBA 程序设计中在用户窗体上应用非常广泛的一个控件，它是一个文本编辑区域，用户可以通过它进行数据的输入、输出和编辑。它的常用属性如下：

（1）Text。该属性是文字框最重要的属性之一，表示文字框中的内容，其默认值是空的。可以在设计时设定 Text 属性，也可以在运行时直接在文字框内输入或用语句赋值的方法来改变该属性的值。对于文字框中的文本内容，除了可以使用 Text 属性来表示外，也可以使用 Value 属性来表示，即语句“TextBox1.Text=Range("A1").Value”与语句“TextBox1.Value = Range("A1").Value”是等效的。

（2）Locked。该属性设置文字框中的内容是否锁定。默认值为 False，表示不锁定，即可以编辑；若将其值改成 True，则表示锁定，不可以编辑，但可以选中其中的文本内容并复制，也就是说文字框不允许修改其内容，但能响应用户鼠标或键盘操作触发的相关事件。

（3）MaxLength。该属性设定在文字框控件中能够输入的最大字符数，默认值为 0，表示只要内存允许则没有限制。

若该值为取值范围内的一个非 0 值，则文字框中超出该值指定长度的那部分文本将被截断。如执行下列语句后，文字框内显示的是 abcdefghij。

```
TextBox1.MaxLength = 10
TextBox1.Text = "abcdefghij12345"
```

（4）MultiLine。该属性设定文字框中是否允许接受多行文本。若该值为 False（默认值），文字框中的内容只能在一行中显示；若为 True，则文字框中的文本内容可以多行显示，具体控制多行显示的方法如下：

1）人工输入时，在要换行时按 Ctrl+Enter 组合键。

2）代码控制时，在修改 Text 属性值的赋值语句中插入 vbCrLf 常量或 Chr(13)+Chr(10) 函数组合。例如：

```
TextBox1.Text = "未到达边界" + Chr(13) + Chr(10) + "另起一行。"
```

（5）PasswordChar。该属性用来设置在文字框中所键入的字符是否要显示出来。如果该属性值为空字符串（""）（默认值），则文字框显示实际的文本；而如果该属性值为其他字符，如“*”，则无论用户在文字框中键入任何字符，文字框中的字符都显示为“*”。

将文字框作为一个密码域时，设置此属性非常有用。虽然它能够设置为任何字符，但大多数基于 Windows 的应用程序使用的是星号（*）。另外，能够将任意字符串赋予此属性，但只有第一个字符是有效的，所有其他的字符将被忽略。

（6）ScrollBars。该属性决定是否为文字框添加滚动条。文本过长，可能会超过文字框的边界，此时应为该控件添加滚动条。本属性有 4 个取值：

1）0 – fmScrollBarsNone：无滚动条，默认值。

2）1 – fmScrollBarsHorizontal：水平滚动条。

3）2 – fmScrollBarsVertical：垂直滚动条。

4）3 – fmScrollBarsBoth：既有水平滚动条，又有垂直滚动条。

在实际应用时，文字框的 Change 事件和 KeyPress 事件会经常用到，下面对这两个事件做简单的介绍。

（1）Change 事件。当文字框中的内容被改变时，即文字框的 Text 属性值被修改时触发该事件。例如，用户在文字框中输入“LYX”字符串，就会触发 3 次 Change 事件。Change 事件过程通常用于协调或同步各控件显示的数据。

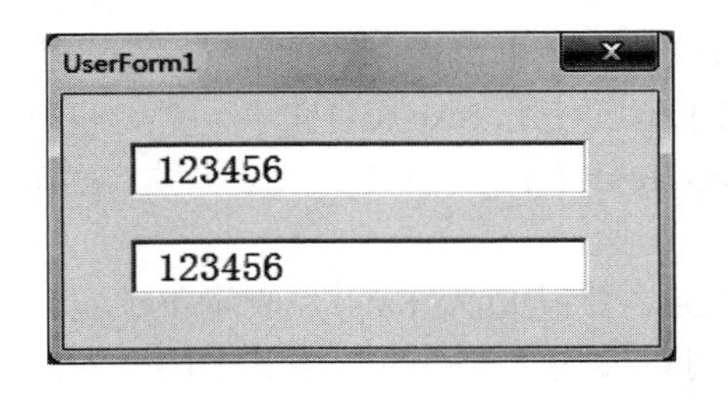

图 6.22　同步两个文字框的显示内容

例 6.3：设计一个程序，界面运行效果如图 6.22 所示。程序运行时，在文字框 TextBox2 中输入内容时，文字框 TextBox1 同步显示文字框 TextBox2 中的内容。

本例的程序代码如下所示。程序运行后，在文字框 TextBox2 中输入或删除任意字符，文字框 TextBox1 就会同步显示文字框 TextBox2 中的内容。

```
Private Sub TextBox2_Change()
    TextBox1.Text = TextBox2.Text
End Sub
```

（2）KeyPress 事件。当用户在文字框中按下任何可打印的字符或某些特殊字符包括 ENTER（回车）及 BACKSPACE（退格）键时会触发此事件。KeyPress 事件过程在截取文字框所输入的击键时是非常有用的，它可立即测试击键的有效性或在字符输入时对其进行格式处理。KeyPress 事件具有一个参数，完整的事件语法格式如下：

```
Private Sub 文字框名称_ KeyPress(ByVal KeyAscii As MSForms.ReturnInteger)

End Sub
```

参数 KeyAscii 是一个整数，其返回文字框所输入的按键的 ASCII 码，改变 KeyAscii 参数的值会改变文字框中显示的字符，将 KeyAscii 改变为 0 时可取消按键，即用户按下键的对应字符不会显示在文字框中，因此，使用 KeyPress 事件可以方便地控制文字框只能接受指定字符。例如下面的代码演示了在文字框 TextBox2 中只能输入数字键。

```
Private Sub TextBox2_KeyPress(ByVal KeyAscii As MSForms.ReturnInteger)
    If KeyAscii < 48 Or KeyAscii > 57 Then
        KeyAscii = 0
    End If
End Sub
```

3. 选项按钮

工具箱中选项按钮（OptionButton）控件的图标为，新建的选项按钮的默认名称为 OptionButton1、OptionButton2、……

选项按钮常用来显示一组互斥的选项，一个容器内的一组选项按钮组成的选项，用户只能选择其中的一个。当用户单击其中的某个选项按钮，即表示该选项被选中，同时取消这组选项按钮中的其他选项的选中状态。选中的选项按钮的圆形框内会出现“•”标记。

图 6.23 是一个会员注册界面的用户性别选择的截取部分，这个功能用选项按钮来实现非常方便，因具有互斥性，所以不会出现男女同时被选中的情况。

图 6.23　选项按钮示例

选项按钮的常用属性有 Caption 和 Value，其中 Caption 属性用来返回或设置选项按钮的标题文本，给出选项提示。而 Value 属性用于返回或设置选项按钮的状态，值为逻辑类型：True 表示选中；False（默认值）表示未选中。

4. 复选框

复选框（CheckBox）控件在工具箱中的图标是，新建复选框时，其默认名称为CheckBox1、CheckBox2、……

复选框也称检查框，可以处理“多选多”的问题。复选框与选项按钮的功能相似，主要区别在于：选项按钮在一组选项中，每次只能选择其中的一项，各选项之间是相互排斥的，而复选框可以在一组选项中同时选中多个选项。

同选项按钮一样，复选框的常用属性也是 Caption 和 Value，其中 Caption 属性用来返回或设置复选框控件的标题文本，给出选项提示。而 Value 属性用于返回或设置复选框的状态，与选项按钮的 Value 属性不同的是，其值为数值类型：0（默认值）表示未选中；1表示选中，此时复选框的方框内会显示“√”标记；其他整数表示该选项被禁止，此时复选框的方框内显示灰色的“√”标记。在程序运行时，反复单击一个复选框，其方框内的“√”标记会交替出现和消失，即复选框的 Value 属性值在 0 和 1 之间交替变换。

5. 框架

框架（Frame）控件在工具箱中的图标是，在窗体中新建框架时，其默认名称为Frame1、Frame2、……

框架是一个容器，可以把其他控件组织在一起，形成一个控件组。这样，当框架移动时，框架内的所有控件也作相应的移动，框架隐藏时，框架内的整组控件也一起隐藏。例如，窗体上有许多选项按钮，其中一些用于构成设置文字颜色的选项组，而另外一些用于构成设置文字字体的选项组，则此时就应该用框架对它们进行分组，否则整个窗体上的所有选项按钮只能有一个被选中。

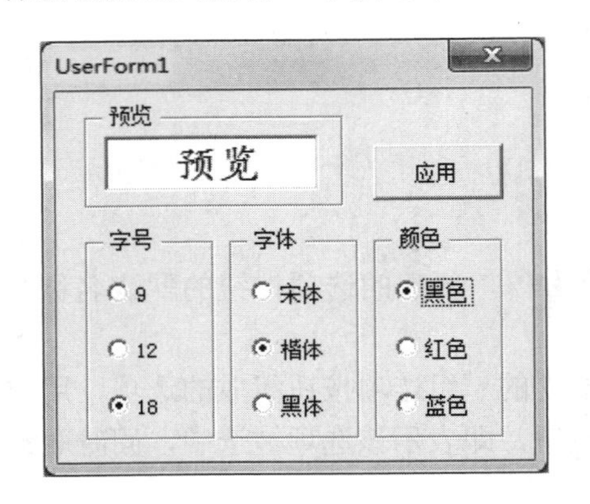

图 6.24　字体格式设置对话框

框架的常用属性是 Caption，该属性用于设置框架的标题文本。利用框架设计程序界面可使窗体上的内容更有条理，向框架内添加控件的方法有两种：

（1）先创建框架控件，然后选择工具箱中的控件，再在框架的合适位置进行拖拉绘制。

（2）分别建立框架和其他控件，然后选中其他控件，将它们拖进框架的适当位置。

例 6.4：设计一个选中数据区域的字体属性设置程序，运行界面如图 6.24 所示。要求单击各选项按钮时，文字框中的文字格式能做相应的改变，单击“应用”按钮时，能将设置的字体格式应用于活动工作表中选中的数据区域。

本例设计的对话框中，各类型的字体格式设置都使用选项按钮来实现，为了各类型的选项按钮之间不会互相排斥，因此不同类型的选项按钮应该用框架来进行分组。最后的程序代码如下：

```
Private Sub CommandButton1_Click()
    Dim vSel As Range
    Set vSel = Application.Selection
```

```
        With vSel.Font
            .Name = TextBox1.Font.Name
            .Size = TextBox1.Font.Size
            .Color = TextBox1.ForeColor
        End With
    End Sub
    Private Sub OptionButton1_Click()
        TextBox1.Font.Size = 9
    End Sub
    Private Sub OptionButton2_Click()
        TextBox1.Font.Size = 12
    End Sub
    Private Sub OptionButton3_Click()
        TextBox1.Font.Size = 18
    End Sub
    Private Sub OptionButton4_Click()
        TextBox1.Font.Name = "宋体"
    End Sub
    Private Sub OptionButton5_Click()
        TextBox1.Font.Name = "楷体"
    End Sub
    Private Sub OptionButton6_Click()
        TextBox1.Font.Name = "黑体"
    End Sub
    Private Sub OptionButton7_Click()
        TextBox1.ForeColor = vbBlack
    End Sub
    Private Sub OptionButton8_Click()
        TextBox1.ForeColor = vbRed
    End Sub
    Private Sub OptionButton9_Click()
        TextBox1.ForeColor = vbBlue
    End Sub
```

6. 列表框

列表框（ListBox）控件在工具箱中的图标是▤，新建的列表框的缺省名称为 ListBox1、ListBox2、……图 6.25 是一个运行中的程序的列表框示例截图。

在程序设计中，有时希望能够把一组项目在一个列表中显示出来，从而进行选择操作，列表框很好地满足了这样的需求。在列表框中，用户可以通过单击某一项或多项来选择自己所需的项目。如果列表框中的项目总数超过可显示的数量，它还会自动加上滚动条。列表框的常用属性主要有：

（1）List。该属性是列表框最重要的属性之一，它以字符数组的形式存放列表框的项目内容，下表从 0 开始，即 List(0)存放的是列表项的第一项内容，List(1)存放的是列表项的

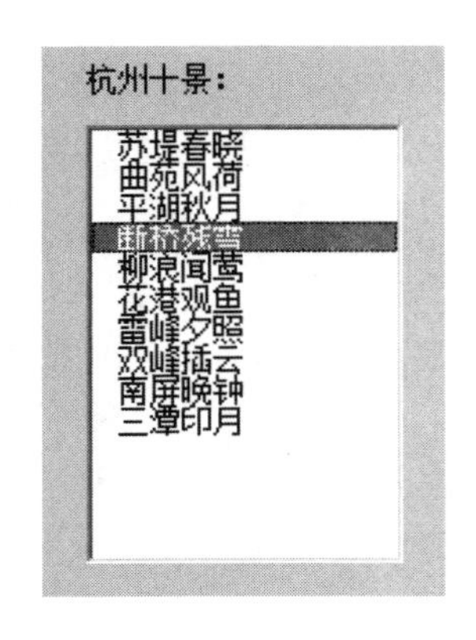

图 6.25　列表框示例

第二项内容，以此类推。

例如，设图 6.25 所示列表框的名称为 ListBox1，那么语句“ListBox1.List(0)”的值为“苏堤春晓”，“ListBox1.List(1)”的值为“曲院风荷”，……在程序代码中也可以对 List 属性进行赋值，如执行语句“ListBox1.List(3) = "宝石流霞"”，则列表框的第 4 项“断桥残雪”会变成“宝石流霞”。

（2）ListCount。该属性用于返回列表框中列表项的数目，ListCount-1 是最后一项的下标。需要注意的是，ListCount 属性是只读属性，不能用赋值语句修改该属性值。如图 6.25 所示列表框的 ListCount 属性值为 10。

（3）ListIndex。该属性用于返回或设置列表框中最后一次单击所选中的项目的下标索引值，如果没有任何列表项被选中，则该属性值为-1。

例如，如图 6.25 所示列表框 ListBox1 的 ListIndex 属性值为 3。借助 ListIndex 属性可以方便获取列表框中选定列表项的内容，如执行语句“s = ListBox1.List(ListBox1.ListIndex)”后，s 的值即为“断桥残雪”。

（4）Text。该属性用于返回列表框中最后一次单击所选中的项目的内容，它的值与“列表框名称.List(列表框名称.ListIndex)”的返回值相同，如图 6.25 所示的列表框，ListBox1.Text 的值是“断桥残雪”，ListBox1.List(ListBox1.ListIndex)的值也是“断桥残雪”。如果要用代码语句设置 Text 的值，则这个值必须是列表项目中已经存在的。如果指定值与任何现存列表项目都不匹配，将会产生错误。Text 属性也可以用 Value 属性来代替。

（5）RowSource 和 ControlSource。列表框的内容可以直接取自 Microsoft Excel 的工作表区域，只要设置列表框的 RowSource 属性即可。同样地，在列表框中选中的内容也可以与指定的单元格建立链接，设置列表框的 ControlSource 属性为某单元格的地址即可。例如，下列程序演示了将列表框中的内容设为工作表中 A1:A10 的内容，而 B1 显示的是在列表框中选中的内容，如图 6.26 所示。

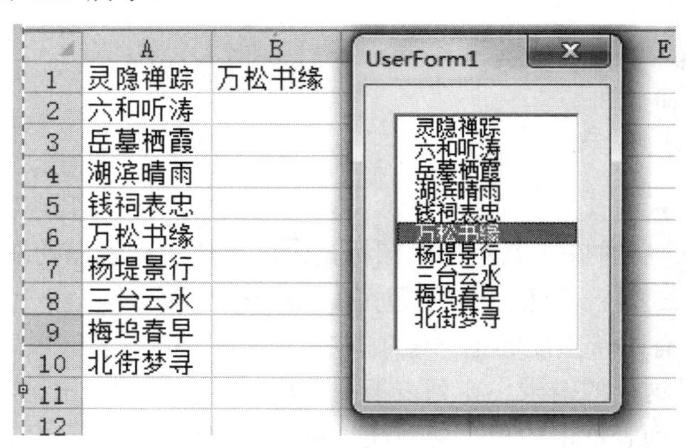

图 6.26　列表框与单元格链接

```
Private Sub UserForm_Initialize()
    ListBox1.RowSource = "A1:A10"
```

```
    ListBox1.ControlSource = "B1"
End Sub
```

对于列表框而言，在实际使用时经常需要对其列表项目进行维护，此时借助它提供的一些方法会比较灵活，它的常用方法如下：

（1）AddItem。该方法用于向一个列表框添加一个新的列表项，其语法格式为：

```
<列表框名称>.AddItem <Item> [, <Index>]
```

说明：

- <Item>：要添加到列表框的列表项，是一个字符表达式。
- <Index>：添加的<Item>在列表框中的位置，如果省略<Index>，则表示将<Item>添加到列表框的末尾处。<Index>值必须在 0 至列表框的 ListCount 之间，否则会出现运行时错误。

例如，下面的代码可以在窗体启动时将数字 1～10 按从小到大的顺序添加到列表框中。

```
Private Sub UserForm_Initialize()
    Dim i As Integer
    For i = 1 To 10
        ListBox1.AddItem i
    Next i
End Sub
```

如果要将数字按逆序的形式添加到列表框中，则程序代码可以改成下面的方式。

```
Private Sub UserForm_Initialize()
    Dim i As Integer
    For i = 1 To 10
        ListBox1.AddItem i, 0
    Next i
End Sub
```

（2）RemoveItem。该方法用来从一个列表框中删除一个列表项，语法格式为：

```
<列表框名称>.RemoveItem    <Index>
```

其中，<Index>表示要删除的列表项的索引值。例如，图 6.25 所示的列表框中，如果执行语句“ListBox1.RemoveItem 0”，则表示将列表框中的第一项（苏堤春晓）删除。而如果执行语句“ListBox1.RemoveItem ListBox1.ListIndex”，则表示将列表框中最后选中的列表项（断桥残雪）删除。

当列表框的某个列表项被删除时，后面的数据项会自动往前移。例如，如果将列表框的第一项内容删除，则原来的第二项会变成第一项，而原来的第三项会变成第二项，……依次类推。

（3）Clear。该方法用于清除列表框中的所有列表项，语法格式为：

```
<列表框名称>.Clear
```

7. 复合框

复合框（ComboBox）又称组合框，有时也称为下拉列表框，功能类似于文字框与列表框的组合，用户既可以在列表项中选择一个数据项，又可以在其文字框中输入一个字符串内容。

复合框在控件工具箱中的图标是▤。在窗体上新建复合框时，它的默认名称为ComboBox1、ComboBox2、……因为复合框结合了列表框和文字框的许多功能，所以它具有许多文字框的属性，如 Locked、SelStart、SelLength、SelText 等，还具备了列表框的绝大部分属性，如 List、ListIndex、ListCount 等，同时具有几个自身特有的属性。

（1）Style。该属性用于设计复合框的外观样式，有两个可选值：

1）0 - fmStyleDropDownCombo：默认值，此时控件为下拉式复合框，包括一个文本框和一个下拉式列表框，可以从列表框中选择列表项，也可以在文本框中输入字符内容。

2）2 - fmStyleDropDownList：控件为下拉式列表框，仅允许从下拉列表框中选择列表项。

（2）MatchRequired。该属性用来指定输入复合框文本部分的值是否必须与该控件现有列表中的条目相匹配，如果 MatchRequired 属性值为 True，那么除非用户输入与现有列表中的条目匹配的文本，否则不能退出复合框。通过 MatchRequired 可以保持列表的完整性。

至于复合框的方法，和列表框一样，它也具有 AddItem、RemoveItem 和 Clear 等方法，其使用方法与列表框中的使用方法一样，读者可参考列表框部分的内容介绍。

8. 命令按钮

命令按钮（CommandButton）可以说是所有控件中最常见的，几乎每个应用程序都需要通过它与用户进行交互，它通常用来在单击时执行指定的操作。命令按钮在控件工具箱中的图标为▭，其常用属性如下：

（1）Caption。该属性用于设定命令按钮上显示的文本，其默认值与命令按钮的 Name 属性值相同，如新建的名称为 CommandButton1 的命令按钮，其 Caption 属性的初值也是CommandButton1。

（2）Default。该属性用于决定命令按钮是否为窗体的默认按钮，其值为逻辑类型。当某命令按钮的 Default 属性值为 True 时，不论焦点处在哪个控件上，只要此控件不是命令按钮，在按下回车键时，都会调用此命令按钮的 Click 事件。

窗体中只能有一个命令按钮可以作为默认按钮，如果将某个命令按钮的 Default 设置为 True，则窗体中其他的命令按钮的 Default 属性会自动设置为 False。

（3）Cancel。该属性用来设置某个命令按钮是否为窗体中的取消按钮。当某个命令按钮的 Cancel 属性值设为 True 时，在当前运行窗体的任何时候按下 Esc 键都相当于用鼠标单击了该按钮。同 Default 属性一样，一个窗体只允许有一个取消按钮。

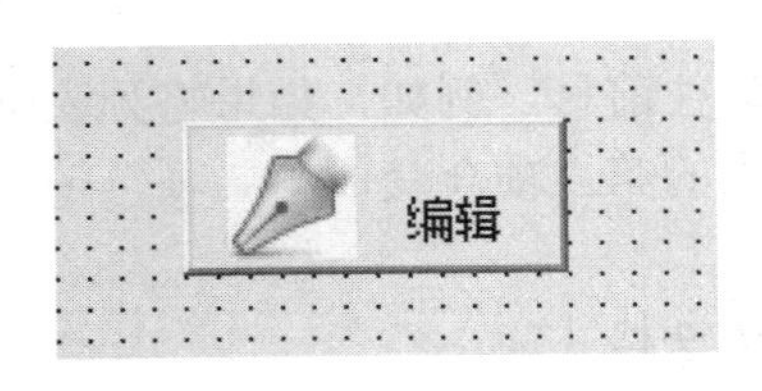

图 6.27 使用了图标的命令按钮

（4）Picture。该属性用于设置命令按钮中显示的图标，如图 6.27 所示，这是一个设置了 Picture 属性的命令按钮，按钮上的图标可以让按钮更加美观，同时也可以用图标来提示该按钮的功能。不过在使用此属性时，还经常要配合使用 PicturePosition 属性，用它来调整按钮上图标和文本标题的位置关系。

9. 图像

图像（Image）控件是一个用来显示图像的控件，它在工具箱中的图标为，新建的图像控件，它的默认名称为 Image1、Image2、……

既然图像控件最主要的功能是用来显示图像，所以它使用最频繁的一个属性就是 Picture，该属性用于设置图像控件中要显示的图片。在图像控件中加载图形文件有以下两种方式：

（1）设计时选取。在界面设计时，选中图像控件的属性窗口的 Picture 属性，在弹出的“加载图片”对话框中选择所要显示的图片文件，相应的图形文件随之被加载到图像控件中。

（2）运行时装入。程序运行时，可用 LoadPicture() 函数装入图片到图像控件中。具体的语法格式为：

```
<图像控件名称>.Picture = LoadPicture(<FileName>)
```

其中，<FileNme>参数是一个字符串表达式，包括驱动器、文件夹和文件名。当<FileName>参数为空字符串（""）时，即执行语句“Picture1.Picture = LoadPicture("")”可把图像控件中的图片删除。图像控件显示的图片也可以通过赋值语句从其他图像控件复制过来，如执行语句“Image1.Picture = Image2.Picture”，会将图像控件 Image2 的图片复制到图像控件 Image1 中。

10. 多页

多页（MutilPage）控件在控件工具箱中的图标为，它在处理可以划分为不同类别的大量信息时很有用。例如，在人事管理应用程序中，可用多页控件显示雇员信息：一页用于显示个人信息，如姓名和地址；另一页列出工作经历；第三页列出参考信息。利用多页控件能够将相关信息组织在一起显示出来，同时又能够随时访问整条记录。

事实上，多页控件是 Pages 集合的容器，每个多页控件都保存了一个或多个 Page 对象。多页控件的默认属性是 Value 属性，该属性返回当前活动页面的索引编号，即当前页是 Pages 集合中的第几页。多页控件的默认事件是 Change 事件。

默认情况下，多页控件只包含两个 Page 页，如果要为它添加新页或者删除页，可以在最后一个页的右侧空白区域右键单击，在弹出的快捷菜单中实现，如图 6.28 所示。

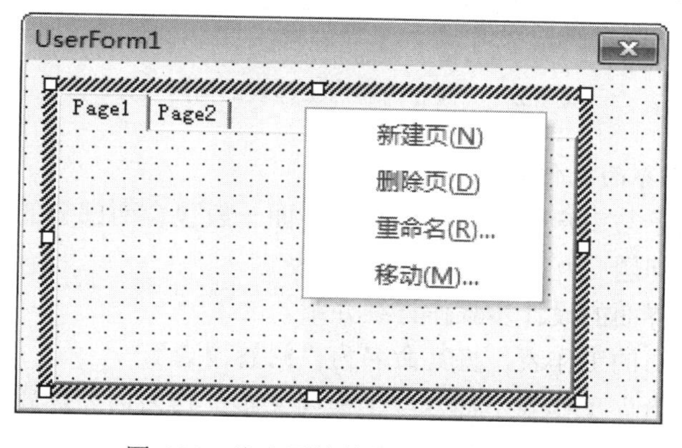

图 6.28 为多页控件新建页或删除页

多页控件中的每一个 Page 页都是一个容器，每个 Page 对象都可以包含一套自己的控件，不过不同 Page 对象中的控件名称不能相同。

6.3 应 用 实 例

在掌握了 VBA 的基本编程技术和 VBA 的界面设计方法后，本节主要介绍两个应用范例，以此扩展对 VBA 强大应用范围的认识，并增强实用性软件开发的学习。

6.3.1 课程满意度问卷调查系统

本小节将以“计算机应用基础”课程满意度问卷调查为例，详细介绍窗体控件在现实生活中的应用。通过本例的学习，能够认识使用 Excel VBA 进行问卷调查的设计思路，了解 Excel VBA 实现问卷调查数据的统计分析方式。

1. 设计问卷内容工作表

本问卷系统的问题交互界面将主要以“组合框”控件来实现，因此在设计问卷系统的问题交互界面之前，应先设计好各个问题对应组合框的数据源内容。可以将问卷的问题内容存放在一个单独的工作表（假设此工作表的名称为“问卷内容”）中，待问题交互界面设计完毕且为各组合框指定好了数据源，就可以将此工作表隐藏。本例中，“问卷内容”工作表的问题设计如图 6.29 所示。

	A	B	C
1	1. 你是否对这门课感兴趣？	4. 你学这门课程想要达到什么目标？	7. 总体而言，你对这门课程的满意程度是？
2	A. 不感兴趣	A. 计算机扫盲就可以了	A. 满意
3	B. 感兴趣	B. 学一些今后学习和工作用得到的常用软件	B. 十分满意
4	C. 只对其中某些内容感兴趣	C. 能熟悉计算机的软硬件，当个计算机方面的高手	C. 不满意
5	D. 很感兴趣	D. 通过考试拿到学分就可以	D. 有点不满意
6	2. 你觉得这门课重要吗？	5. 经过这段时间的学习，你的计算机操作技能是否有提高？	
7	A. 不重要	A. 保持原样	
8	B. 部分重要	B. 有一点提高	
9	C. 全部都重要	C. 有明显提高	
10	D. 不知道	D. 不知道	
11	3. 你觉得这门课目前的学时是否合适？	6. 你觉得这门课程所学的内容，对你今后的学习和工作是否会有帮助？	
12	A. 应该减少	A. 有一些帮助	
13	B. 正合适	B. 有很大帮助	
14	C. 应该增加	C. 没有帮助	
15	D. 不知道	D. 不知道	

图 6.29 “问卷内容”工作表的问题设计

2. 设计问题交互界面工作表

问题交互界面用于与用户交互，问题交互界面一般包含两部分的内容：问卷标题和问题选项，本例设计的问题交互界面如图 6.30 所示。

下面就问题交互界面的设计步骤作详细介绍。

（1）选择一个空白的工作表，将其命名为“问卷调查”。

（2）在“问卷调查”工作表中插入一个横向文本框作为问卷标题，适当调整文本框的位置，然后输入标题说明文字，并自行设计它的形状样式和字体样式。

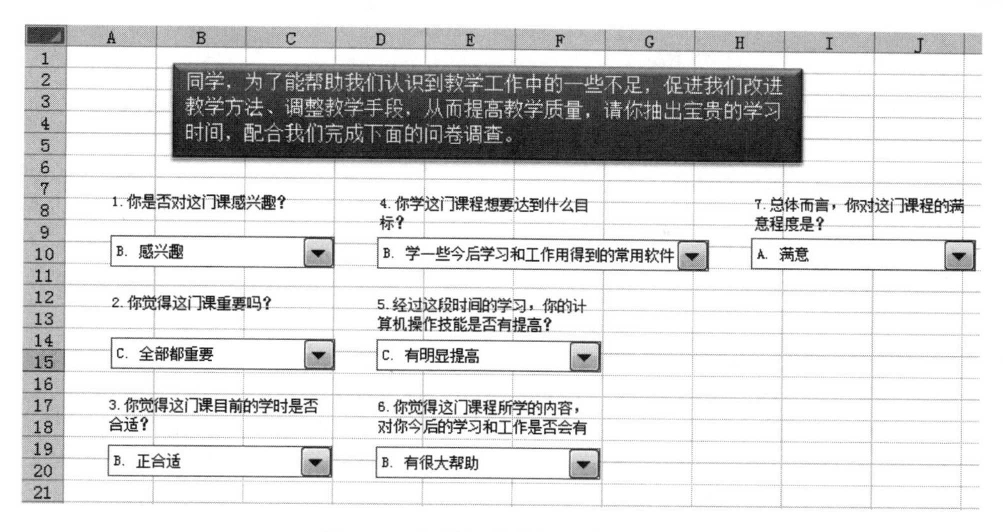

图 6.30 问卷调查的问题交互界面

（3）激活功能区的“开发工具”选项卡，在“控件”组中找到“插入”命令，选择“表单控件”组中的标签控件，如图 6.31 所示。在工作表的适当位置拖拽，将标签控件插入到工作表。

（4）右键单击已经插入到工作表中的标签，在快捷菜单中选择“编辑文字”命令，将具体的问题描述文字写入标签。

（5）用步骤（3）的方法在工作表中刚才的题目标签下方插入组合框控件，右键单击组合框，在快捷菜单中选择“设置控件格式”命令，然后在“设置控件格式”对话框的“控制”选项卡中设置“数据源区域”。“数据源区域”的内容来自之前设计的“问卷内容”工作表中相应问题的选项。例如问题 1 的数据源区域设置为“问卷内容!$A$2:$A$5”，如图 6.32 所示。

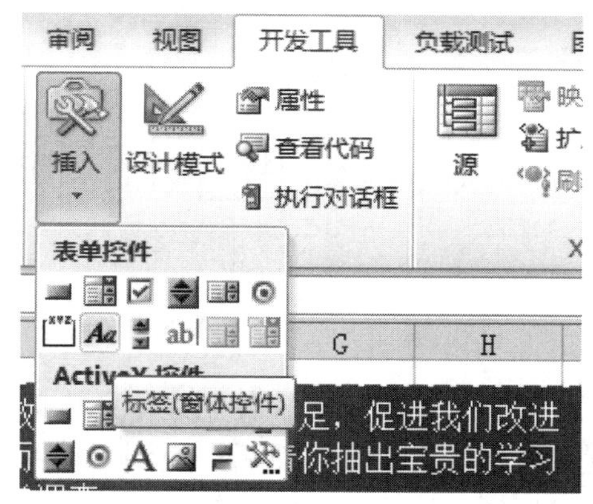

图 6.31 插入问题标签控件

（6）重复步骤（3）～（5），直至所有问题的题目标签和选项组合框建立完毕。

（7）隐藏“问卷内容”工作表。“问卷内容”工作表中的数据是为问题交互界面中各问题选项的组合框服务的，它不用直接与用户打交道，所以把它隐藏是一个明智之举。

3. 为控件创建单元格链接

通过为控件创建单元格链接，可以实现将调查结果的选项内容与某一个单元格联系起来，从而将每一个调查问题的选择结果转化为相应的数字信息，并以数字形式保存在该单元格中，进而获得调查结果。

为控件创建单元格链接的具体步骤如下：

（1）在“问卷调查”工作表中创建用来暂时存放各组合框的问题选项信息的单元格区域，其形式如图 6.33 所示。

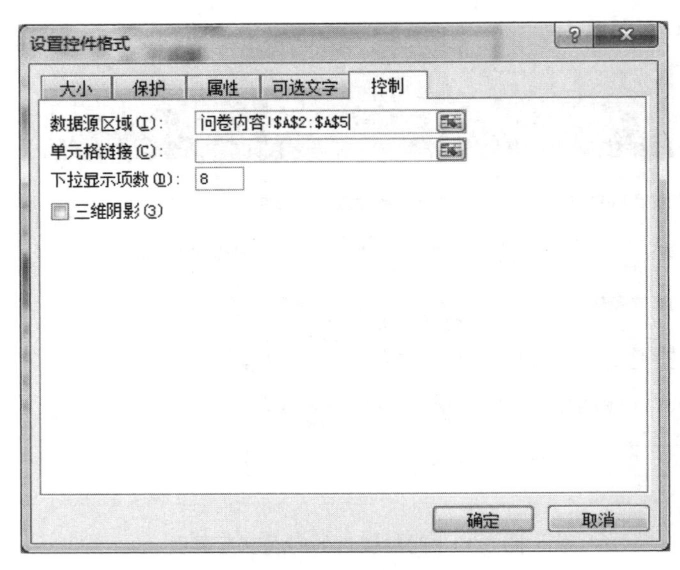

图 6.32　问题 1 的数据源区域

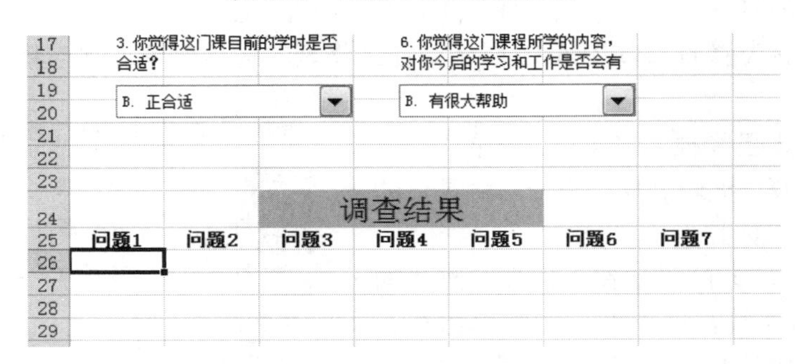

图 6.33　创建存放各选项信息的单元格区域

（2）为各组合框控件创建单元格链接。右键单击组合框控件，在快捷菜单中选择“设置控件格式”命令，然后切换到“设置控件格式”对话框的“控制”选项卡，在“单元格链接”框中选择存放数据的对应单元格，例如问题 1 的结果信息存放单元格为“$A$26”，如图 6.34 所示。

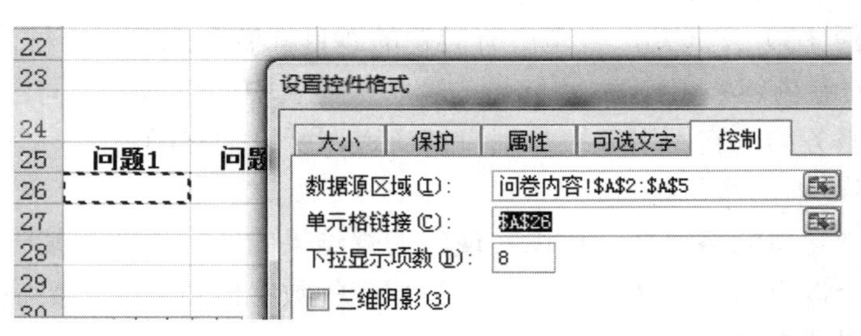

图 6.34　设置问题 1 的单元格链接

（3）此时如果选择各组合框中的项目选项，各对应的选项就会转化成相应的数值显示在“调查结果”单元格区域中，如图 6.35 所示。

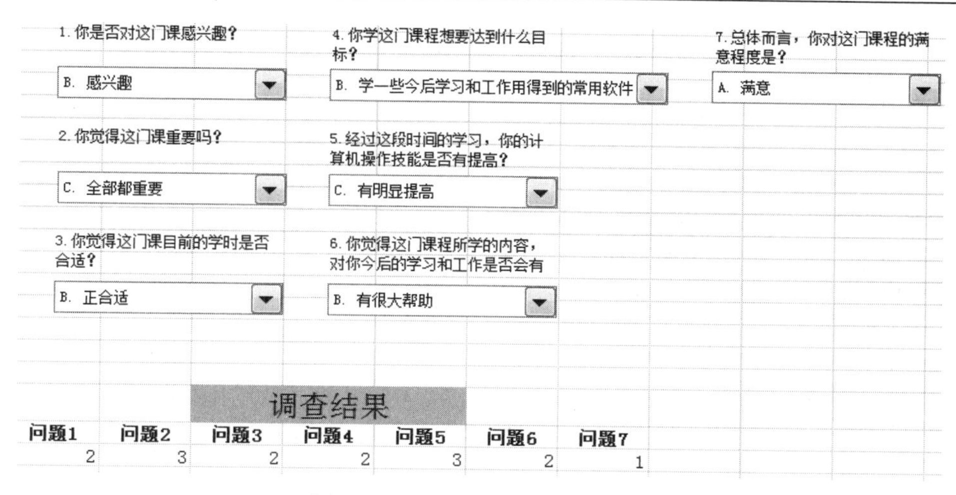

图 6.35　显示调查问卷中的结果

4. 自动记录调查结果

“问卷调查”工作表的“调查结果”数据区域每次存放的是一个学生的调查结果。因此，还需创建一个数据区域用于汇总每个学生的调查结果数据，并把“问卷调查”工作表中“调查结果”数据区域的记录添加到汇总表中。

本例能实现调查结果的自动记录功能，它是通过 VBA 代码来实现的。具体的操作步骤如下：

（1）新建一个工作表，命名为“结果汇总”。在“结果汇总”工作表中设计一个结果汇总表，如图 6.36 所示。

	A	B	C	D	E	F	G	H
1			结果汇总					
2	序号	问题1	问题2	问题3	问题4	问题5	问题6	问题7
3								
4								
5								
6								

问卷内容　问卷调查　结果汇总

图 6.36　问卷调查数据结果汇总表

（2）切换回到“问卷调查”工作表，在“调查结果”数据区域附近插入一个“表单控件”组中的按钮，并将它的标题文字改为“提交调查结果”，如图 6.37 所示。

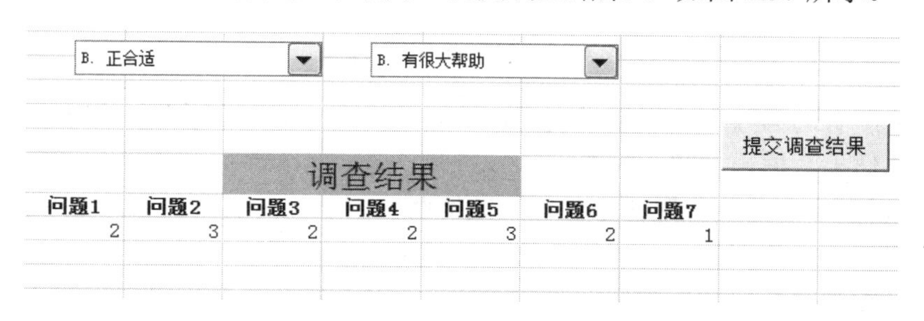

图 6.37　插入“提交调查结果”按钮

（3）切换到 VBE 窗口，插入一个模块，在模块中编写一个名为“SelfRecording”的宏，代码如下所示。

```
Sub SelfRecording()
    Dim vWS1 As Worksheet, vWS2 As Worksheet
    Dim vRng As Range, iIndex As Integer, iCnt As Integer
    Set vWS1 = ThisWorkbook.Worksheets("问卷调查")
    Set vWS2 = ThisWorkbook.Worksheets("结果汇总")
    '“问卷调查”工作表中的“调查结果”数据区域
    Set vRng = vWS1.Range("A26:G26")
    '统计“结果汇总”工作表中已有的数据行数
    iCnt = vWS2.Range("A2").CurrentRegion.Rows.Count
    '计算序号
    iIndex = iCnt - 1
    '记录具体的数据
    vWS2.Range("A" & iCnt + 1).Value = iIndex
    vWS2.Range("B" & iCnt + 1 & ":H" & iCnt + 1).Value = vRng.Value
    '以消息框形式提示数据已提交
    MsgBox "调查结果数据成功提交！", vbInformation, "自动记录"
End Sub
```

（4）将 SelfRecording 宏指定给“问卷调查”工作表中的“提交调查结果”按钮。此时，完成问卷调查后单击“提交调查结果”按钮，系统会将当前的调查结果数据提交到“结果汇总”工作表中的“结果汇总”数据区域中，并弹出提示消息框，如图 6.38 所示。

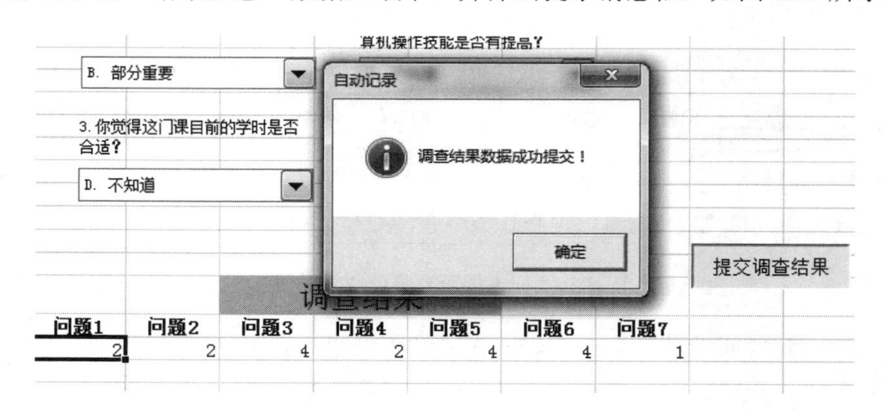

图 6.38 提交调查结果数据

（5）完成所有的问卷调查结果提交后，可以切换到“结果汇总”工作表，这里能够看到所有的汇总结果数据，如图 6.39 所示。

5. 统计调查结果中各问题各选项的出现频次

问卷调查结果数据汇总后，接下来的任务就是分析调查结果数据中各问题各选项的出现频次，以此能观察各问题的学生选项分布情况，从而能分析学生对课程的满意程度。统计调查结果中各问题各选项出现频次的实现步骤如下：

	A	B	C	D	E	F	G	H
1			结果汇总					
2	序号	问题1	问题2	问题3	问题4	问题5	问题6	问题7
3	1	2	3	2	2	3	2	1
4	2	4	3	2	3	4	1	1
5	3	3	2	2	4	2	1	2
6	4	3	2	2	4	2	2	2
7	5	2	2	4	2	4	4	1
8								

图 6.39　问卷调查结果数据汇总

（1）新建一个工作表，命名为“调查结果统计”，并在其中创建“调查结果统计”数据表，如图 6.40 所示。

	A	B	C	D	E	F	G	H
1	调查结果统计							
2	问题选项	问题1	问题2	问题3	问题4	问题5	问题6	问题7
3	A							
4	B							
5	C							
6	D							
7								

问卷调查　结果汇总　调查结果统计

图 6.40　调查结果统计数据表

（2）切换到 VBE 窗口，在模块中编写一个可实现自动统计各问题各选项出现频次的宏 Statistics，代码如下：

```
Sub Statistics()
    Dim vWS As Worksheet, iCnt As Integer
    Dim vRng1 As Range, vRng2 As Range, vCell As Range
    Dim i As Integer, j As Integer
    Set vWS = ThisWorkbook.Worksheets("结果汇总")
    '统计“结果汇总”工作表中已有的数据行数
    iCnt = vWS.Range("A2").CurrentRegion.Rows.Count
    If iCnt <= 2 Then Exit Sub
    '引用“结果汇总”工作表中的数据区域
    Set vRng1 = vWS.Range("B3:H" & iCnt)
    '引用“调查结果统计”工作表中数据区域
    Set vRng2 = ThisWorkbook.Worksheets("调查结果统计").Range("B3:H6")
    '统计各个问题各选项的频率次数
    For i = 1 To vRng2.Columns.Count
        For j = 1 To vRng2.Rows.Count
            vRng2.Cells(j, i) = Application.CountIf(vRng1.Columns(i), "=" & j)
        Next j
    Next i
End Sub
```

（3）在“调查结果统计”工作表的“调查结果统计”数据表的标题左侧插入一个“结果统计”按钮，并将 Statistics 宏指定给此按钮。此时，单击“结果统计”按钮，就能在“调查结果统计”数据表中列出各问题各选项的出现频次，如图 6.41 所示。

结果统计　调查结果统计

问题选项	问题1	问题2	问题3	问题4	问题5	问题6	问题7
A	0	0	0	0	0	2	3
B	2	3	4	2	2	2	2
C	2	2	0	1	1	0	0
D	1	0	1	2	2	1	0

问卷调查　结果汇总　调查结果统计

图 6.41　问卷调查数据统计结果

至此，整个“计算机应用基础”课程满意度问卷调查的制作和分析过程就完成了。读者可以根据实际工作情况进行相应的调整和设置，例如可以增加统计结果图表化的功能等。

6.3.2　员工信息管理系统

本小节将以员工信息管理系统为例，详细介绍用户窗体及一些常用的 ActiveX 控件在现实生活中的应用。通过本例的学习，能够认识用户窗体与工作表数据区域的交互方式，掌握常用控件在用户窗体上的使用方法。

1. 设计员工信息工作表

员工信息管理系统主要功能是员工信息的查询和维护，其中维护功能包括：添加、修改、删除。员工信息数据需要使用一个数据表来存储，本例的员工信息字段主要有：工号、姓名、性别、年龄、身份证号、文化程度、毕业院校、专业、所在部门、职位、入职日期、工龄、联系电话、备注等，存放员工信息的工作表名称为“员工信息表”，具体的表结构如图 6.42 所示。

图 6.42　员工信息表结构

2. 设计固定信息字典表

对于一家公司而言，其隶属的部门和职位通常是固定的。同样的，对于员工的文化程度，可选项也基本是固定的，因此在设计管理系统的窗体界面时，这 3 个数据项可以采用组合框来实现，也因此需要事先设计好这 3 个组合框的数据源。本例中，创建了一个“固定信息字典表”工作表来存储这些信息，具体设计如图 6.43 所示。

	A	B	C	D	E	F
1	部门	职位	文化程度			
2	经理室	总经理	博士研究生			
3	人事部	副总经理	硕士研究生			
4	财务部	部门经理	本科			
5	销售部	项目经理	专科			
6	采购部	业务主管	高中			
7	研发部	一般员工	其它			
8	服务部					
9	工程部					
10	后勤部					

员工信息表　固定信息字典表

图 6.43　固定信息字典表

3. 设计员工信息管理系统的窗体界面

员工信息管理系统的窗体界面用于与用户交互，实现员工信息的管理功能，包括：查询、添加、修改和删除等。本例用到了 2 个框架、15 个标签、11 个文字框、3 个复选框、3 个组合框、1 个图像控件和 6 个命令按钮，各控件的布局和外观设计如图 6.44 所示。

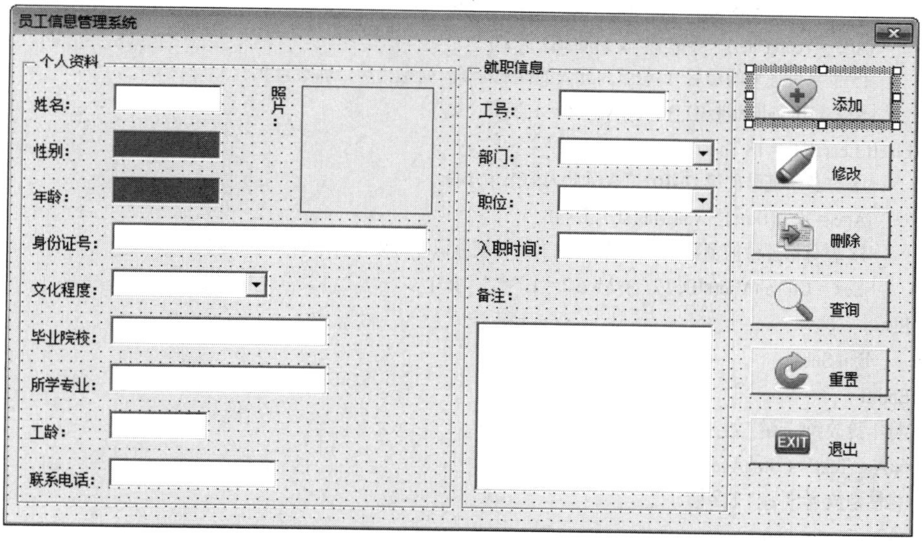

图 6.44　员工信息管理系统的窗体界面设计

由于存在“身份证号”数据项，因此不管是进行添加还是修改或者查询时，都能通过身份证号来获取该员工的性别及年龄信息，由此在界面设计时，用于表示性别和年龄的文字框的 Locked 属性值都应设为 True，防止用户自行编辑“性别”和“年龄”数据，造成与“身份证号”的数据不一致。另外，备注信息通常是比较长的文字描述，所以用于显示备注信息的文字框应设置成可多行显示，即 MultiLine 属性值为 True，且 ScrollBars 属性值应为 2–fmScrollBarsVertical，即能够显示垂直滚动条。

在窗体上布局好各控件及设计了各控件的外观之后，还应设置“文化程度”、“部门”及“职位”3 个组合框的数据源，它们的数据项均来自“固定信息字典表”的相应列，具体的设置方法是：选中“文化程度”组合框，在其属性窗口找到 RowSource，然后输入“固定信息字典表!C2:C7”。同理，分别将“部门”组合框和“职位”组合框的 RowSource 属性设为“固定信息字典表!A2:A7”和“固定信息字典表!B2:B7”。

4. 自动计算性别和年龄

身份证号包含了丰富的个人信息，“性别”和“年龄”位列其中，所以在获取身份证号后，就可以让系统自动填充“性别”和“年龄”文字框的内容。本例中，用于存储“身份证号”的文字框的名称是 txtID，进行自动计算性别和年龄的程序代码基于它来实现，具体如下所示，用到了两个事件：一个是 Exit，用来判断身份证号是否合法；另一个是 Change，用于通过身份证号自动计算该员工的性别和年龄。

```
'通过身份证号自动计算此员工的性别和年龄
Private Sub txtID_Change()
    Dim sID As String, iAge As Integer, sSex As String
    '用 sID 变量表示身份证号
    sID = txtID.Text
    If Len(sID) = 15 Then
        '15 位身份证号的第 7、8 位表示此人的出生年份
        iAge = Year(Date) - Val("19" & Mid(sID, 7, 2))
        '15 位身份证号的最后 1 位数为此人的性别标识，奇数为男，偶数为女
        sSex = IIf(Val(Mid(sID, 15, 1)) Mod 2 = 1, "男", "女")
    ElseIf Len(sID) = 18 Then
        '18 位身份证号的第 7~10 位表示此人的出生年份
        iAge = Year(Date) - Val(Mid(sID, 7, 4))
        '18 位身份证号的倒数第 2 位数为此人的性别标识，奇数为男，偶数为女
        sSex = IIf(Val(Mid(sID, 17, 1)) Mod 2 = 1, "男", "女")
    Else
        Exit Sub
    End If
    '将年龄放到"年龄"文字框
    txtAge.Text = CStr(iAge)
    '将性别放到"性别"文字框
    txtSex.Text = sSex
End Sub
'判断身份证号是否合法
Private Sub txtID_Exit(ByVal Cancel As MSForms.ReturnBoolean)
    If Len(txtID.Text) < > 15 And Len(txtID.Text) < > 18 Then
        MsgBox "身份证号码不合法，请重试！", vbCritical, "错误"
        '焦点不允许离开身份证号文字框
        Cancel = True
    Else
        '焦点可以离开身份证号文字框
        Cancel = False
    End If
End Sub
```

5. 实现员工添加功能

本例的员工信息管理系统启动后，在各文本框和组合框中输入或选择相应信息，如图6.45 所示，然后单击“添加”按钮，就会弹出一个告知员工记录添加成功的消息框，员工的个人信息记录会插入到“员工信息表”中，如图 6.46 所示，同时窗体上各输入的信息也会被清空。

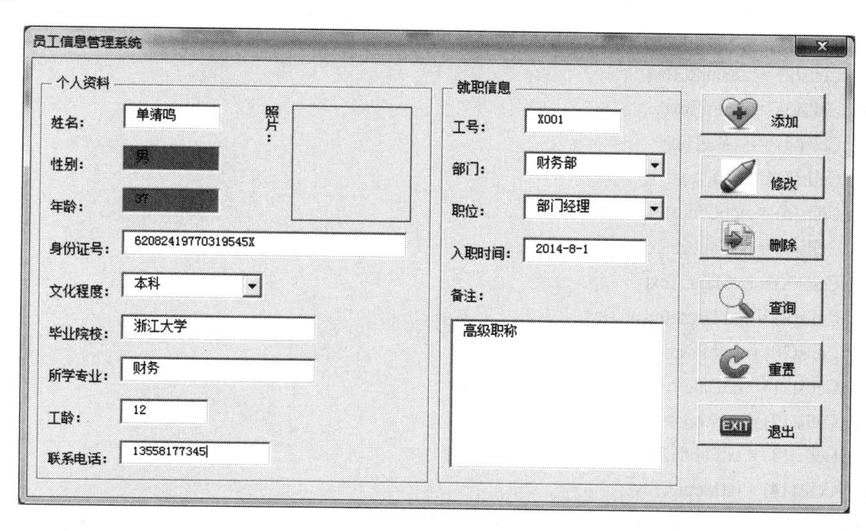

图 6.45　在窗体界面上输入新员工的资料

	A	B	C	D	E	F	G	H	I	J	K	L	M	N
1	工号	姓名	性别	年龄	身份证号	文化程度	毕业院校	专业	所在部门	职位	入职日期	工龄	联系电话	备注
2	X001	单靖鸣	男	37	62082419770319545X	本科	浙江大学	财务	财务部	部门经理	2014/8/1	12	13558177345	高级职称
3														
4														
5														

员工信息表 / 固定信息字典表 / Sheet3

图 6.46　添加成功的员工记录

这里把“工号”和“姓名”设成了必填项，在执行添加程序时，系统会先判断这两项对应的文字框的内容是否为空，并做出相应处理。另外，一家公司是不允许存在相同工号的员工的，因此在插入员工记录之前还应该判断刚录入的工号是否已经被占用，并做出相应的处理。具体实现的程序代码如下：

```
'添加员工功能
Private Sub cmdAdd_Click()
    Dim iCnt As Integer, vRng As Range, vCell As Range
    Dim vFind As Range, vWS As Worksheet
    Set vWS = ThisWorkbook.Worksheets("员工信息表")
    '工号和姓名字段不能为空
    If Trim(txtJobNumber.Text) = "" Or Trim(txtName.Text) = "" Then Exit Sub
    '先判断输入的员工号是否已经存在
    Set vFind = vWS.Columns(1).Find(txtJobNumber.Text)
    If Not vFind Is Nothing Then
```

```
        MsgBox "工号已被占用！", vbExclamation, "警告"
        Exit Sub
    End If
    '将各项信息写入"员工信息表"
    iCnt = vWS.Range("A1").CurrentRegion.Rows.Count
    Set vRng = vWS.Range("A" & iCnt + 1 & ":N" & iCnt + 1)
    vRng.Cells(1) = txtJobNumber.Text
    vRng.Cells(2) = txtName.Text
    vRng.Cells(3) = txtSex.Text
    vRng.Cells(4) = txtAge.Text
    vRng.Cells(5) = txtID.Text
    vRng.Cells(6) = cmbEducation.Text
    vRng.Cells(7) = txtCollege.Text
    vRng.Cells(8) = txtMajor.Text
    vRng.Cells(9) = cmbDepartment.Text
    vRng.Cells(10) = cmbPosition.Text
    vRng.Cells(11) = txtDateJoined.Text
    vRng.Cells(12) = txtWorkAge.Text
    vRng.Cells(13) = txtPhone.Text
    vRng.Cells(14) = txtMemo.Text
    MsgBox "员工记录添加成功！", vbInformation, "消息"
    '调用重置按钮，清空刚才的输入信息
    Call cmdRefresh_Click
End Sub
```

在员工记录插入到“员工信息表”之后，程序调用了“重置”按钮的Click事件过程，它用于清除窗体界面上各控件中输入的信息，“重置”按钮的Click事件过程如下所示：

```
Private Sub cmdRefresh_Click()
    txtJobNumber.Text = ""
    txtName.Text = ""
    txtSex.Text = ""
    txtAge.Text = ""
    txtID.Text = ""
    cmbEducation.ListIndex = -1
    txtCollege.Text = ""
    txtMajor.Text = ""
    cmbDepartment.ListIndex = -1
    cmbPosition.ListIndex = -1
    txtDateJoined.Text = ""
    txtWorkAge.Text = ""
    txtPhone.Text = ""
    txtMemo.Text = ""
    imgPhoto.Picture = LoadPicture()
End Sub
```

6. 实现员工信息查询功能

员工信息查询就是根据一个关键字从“员工信息表”中，将该员工的详细资料显示在窗体界面上，本例选择的关键字是“工号”，在“工号”文字框中输入要检索的员工号，单击“查询”按钮，即可将对应的员工信息显示出来，实现的程序代码如下所示：

```
'员工查询功能
Private Sub cmdQuery_Click()
    Dim vFind As Range, vWS As Worksheet, vRng As Range
    Set vWS = ThisWorkbook.Worksheets("员工信息表")
    '先判断检索的员工号是否存在
    Set vFind = vWS.Columns(1).Find(txtJobNumber.Text)
    If vFind Is Nothing Then
        MsgBox "未找到此员工的记录！", vbExclamation, "警告"
        Exit Sub
    End If
    '将各项资料显示在窗体上的各控件中
    Set vRng = vWS.Range("A" & vFind.Row & ":N" & vFind.Row)
    txtJobNumber.Text = vRng.Cells(1)
    txtName.Text = vRng.Cells(2)
    txtSex.Text = vRng.Cells(3)
    txtAge.Text = vRng.Cells(4)
    txtID.Text = vRng.Cells(5)
    cmbEducation.Text = vRng.Cells(6)
    txtCollege.Text = vRng.Cells(7)
    txtMajor.Text = vRng.Cells(8)
    cmbDepartment.Text = vRng.Cells(9)
    cmbPosition.Text = vRng.Cells(10)
    txtDateJoined.Text = vRng.Cells(11)
    txtWorkAge.Text = vRng.Cells(12)
    txtPhone.Text = vRng.Cells(13)
    txtMemo.Text = vRng.Cells(14)
    '将员工的照片显示出来
    On Error Resume Next
    imgPhoto.Picture = LoadPicture(ThisWorkbook.Path & "\" & txtJobNumber.Text & ".jpg")
End Sub
```

查询员工个人资料时，本系统还能将员工的个人照片显示在窗体上的图像控件中，本例的实现方案是：在添加员工记录后，人工将员工的个人照片以 jpg 的文件格式存放在系统所在工作簿的存放路径下，同时将个人照片用员工的工号命名。这样，在导入照片时，就可以使用语句“ThisWorkbook.Path”获取照片的存放位置，而用语句“txtJobNumber.Text & ".jpg"”获取照片的文件名称。查询的实现效果如图 6.47 所示。

7. 实现员工信息修改功能

修改功能通常在执行查询功能之后，即应该是根据工号先检索出该员工的信息记录，然后根据需要修改某些信息字段。具体实现时，先在“员工信息表”中找到该员工记录的所在行，然后把窗体上各控件中修改的信息一一覆盖已有单元格的内容。程序代码如下：

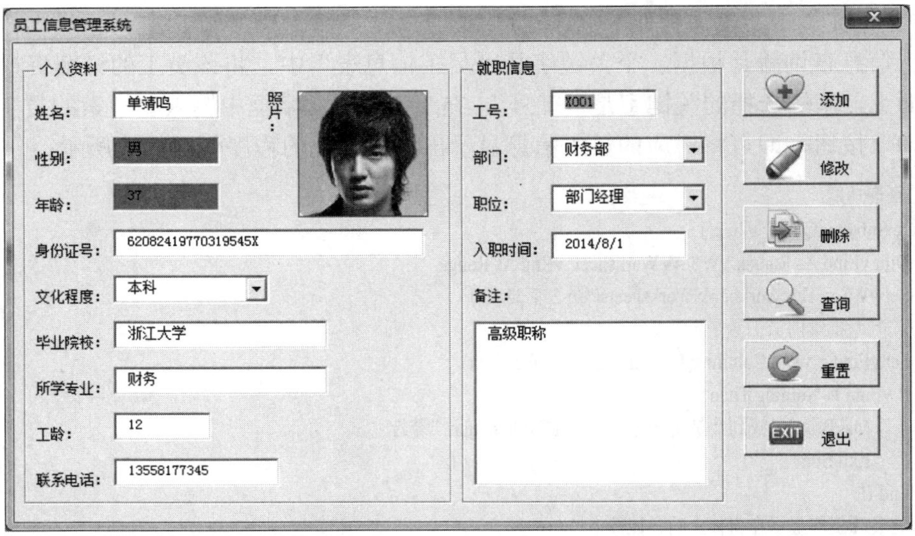

图 6.47 员工信息查询结果

```
'修改员工资料功能
Private Sub cmdModify_Click()
    Dim vFind As Range, vWS As Worksheet, vRng As Range
    Set vWS = ThisWorkbook.Worksheets("员工信息表")
    '避免删除了工号或者没有填写姓名
    If Trim(txtJobNumber.Text) = "" Or Trim(txtName.Text) = "" Then Exit Sub
    '先判断员工记录的所在行
    Set vFind = vWS.Columns(1).Find(txtJobNumber.Text)
    If vFind Is Nothing Then Exit Sub
    '将各项信息写入"员工信息表"
    Set vRng = vWS.Range("A" & vFind.Row & ":N" & vFind.Row)
    vRng.Cells(1) = txtJobNumber.Text
    vRng.Cells(2) = txtName.Text
    vRng.Cells(3) = txtSex.Text
    vRng.Cells(4) = txtAge.Text
    vRng.Cells(5) = txtID.Text
    vRng.Cells(6) = cmbEducation.Text
    vRng.Cells(7) = txtCollege.Text
    vRng.Cells(8) = txtMajor.Text
    vRng.Cells(9) = cmbDepartment.Text
    vRng.Cells(10) = cmbPosition.Text
    vRng.Cells(11) = txtDateJoined.Text
    vRng.Cells(12) = txtWorkAge.Text
    vRng.Cells(13) = txtPhone.Text
    vRng.Cells(14) = txtMemo.Text
    MsgBox "员工信息修改成功！", vbInformation, "消息"
End Sub
```

8. 实现删除员工功能

删除员工就是在“员工信息表”中找到需要删除的员工的记录所在行，然后将此记录行删除，所以删除功能可以是在执行“查询”功能之后，也可以只是直接在窗体的“工号”文字框中输入要删除的员工号，然后单击“删除”按钮进行删除。实现的程序代码如下所示：

```
'删除员工功能
Private Sub cmdDelete_Click()
    Dim vFind As Range, vWS As Worksheet
    Set vWS = ThisWorkbook.Worksheets("员工信息表")
    '工号为必填项
    If Trim(txtJobNumber.Text) = "" Then Exit Sub
    '先判断员工记录的所在行
    Set vFind = vWS.Columns(1).Find(txtJobNumber.Text)
    If vFind Is Nothing Then Exit Sub
    '在工作表中将员工所在行删除
    vWS.Rows(vFind.Row).Delete
    MsgBox "员工记录删除成功！", vbInformation, "消息"
    '调用重置按钮，清空各控件中的信息
    Call cmdRefresh_Click
End Sub
```

9. 其他善后工作

到此为止，员工信息管理系统的主要功能均已实现，不过在交付使用之前还有一些善后工作。

首先，上面的介绍中没有实现系统的“退出”功能，需要将其补上，不过退出功能的程序代码比较简单，如下所示：

```
Private Sub cmdExit_Click()
    Unload Me
End Sub
```

其次，“员工信息表”和“固定信息字典表”是系统的数据库，它没有必要公布给用户。因此，在系统功能都实现以后应该将它们隐藏，并设置工作簿保护，具体实现步骤如下：

（1）在“员工信息表”工作表标签上右键单击，选择“隐藏”命令，如图 6.48 所示。用同样的方法隐藏“固定信息字典表”工作表。

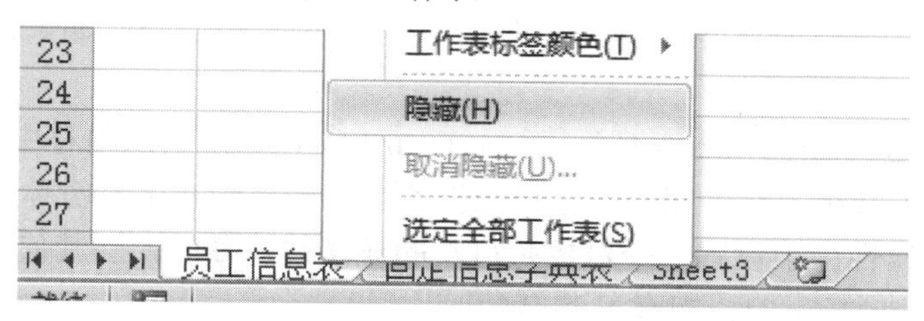

图 6.48 隐藏“员工信息表”工作表

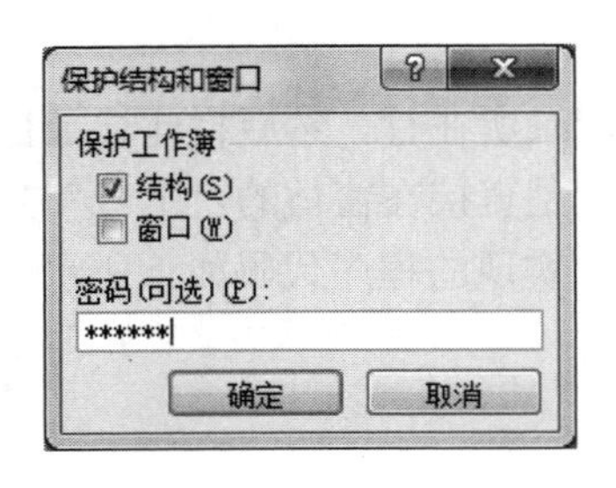

图 6.49 保护工作簿结构

（2）在功能区激活“审阅”选项卡，在“更改”组中单击“保护工作簿”按钮，在弹出的“保护结构和窗口”对话框中勾选“结构”并输入一个自定义密码，如图 6.49 所示。这样，用户就不能取消工作表隐藏了。

最后，当用户打开员工信息管理系统所在的工作簿时，系统应该直接把系统的窗体界面弹出显示在用户面前，这需要用到工作簿的 Open 事件，过程代码如下所示（本例的窗体名称为 frmPIMS）。

```
Private Sub Workbook_Open()
    frmPIMS.Show
End Sub
```

习 题 6

1. 判断题

（1）在 Excel 工作表中可以添加“窗体控件”和“ActiveX 控件”两种不同类型的控件。（ ）

（2）在 Excel 2010 中，文本域、组合列表编辑框和组合下拉编辑框 3 个窗体控件是不可用的。（ ）

（3）窗体控件是一个对象，在 Excel 中能直接应用它的“属性”“方法”和“事件”。（ ）

（4）对于每个窗体控件，只要右键单击它，都能在快捷菜单中找到“设置控件格式”命令。（ ）

（5）在每个窗体控件的“设置控件格式”对话框中，都能找到“控制”选项卡。（ ）

（6）单击选中一个选项按钮窗体控件后，与此选项按钮链接的单元格中将会显示 TRUE 值。（ ）

（7）ActiveX 控件拥有事件，它的事件过程存储在控件本身所在的表单对象中。（ ）

（8）在工作表中插入 ActiveX 控件时，该 ActiveX 控件默认处在“设计模式”。（ ）

（9）显示一个名为 UserForm1 用户窗体，可以使用语句 Load UserForm1 来实现。（ ）

（10）语句 UserForm1.Hide 能够关闭 UserForm1 窗体并将它从内存中卸载。（ ）

（11）在控件工具箱中双击某控件，该控件就会自动显示在用户窗体上。（ ）

（12）Visible 属性用于设置一个对象是可见的还是被隐藏的，当其值为 False 时，对象是可见的，当其值为 True 时，对象是隐藏的。（ ）

（13）在一个控件的 Exit 事件过程中，如果将此事件的 Cancel 属性值设置成 False，则

表示焦点将不会离开此控件。（　　）

（14）列表框的内容可以直接取自 Microsoft Excel 的工作表区域，只要设置列表框的 RowSource 属性即可。（　　）

（15）复合框的 MatchRequired 属性用来指定输入复合框文本部分的值是否必须与该控件现有列表中的条目相匹配。（　　）

2. 选择题

（1）在窗体控件（表单控件）中，能将其他控件进行分组的是________。

A. 分组框　　B. 组合框　　C. 列表框　　D. 复选框

（2）下列窗体控件中，________没法指定单元格链接。

A. 选项按钮　　B. 按钮　　C. 复选框　　D. 组合框

（3）用户窗体的控件工具箱中，________不是默认包含的控件。

A. 命令按钮　　B. TabStrip　　C. TreeView　　D. RefExit

（4）下面________不是列表框控件的方法。

A. AddItem　　B. RemoveItem

C. Clear　　D. DeleteItem

（5）改变文字框的 Text 属性值，其________属性值也会同步改变。

A. Name　　B. AutoSize

C. Value　　D. ControlSource

（6）滚动条控件的________属性用于指定用户单击滚动条的滚动箭头时，Value 属性值的增减量。

A. LargeChange　　B. SmallChange

C. Value　　D. Change

（7）将命令按钮 CommandButton1 设置为窗体的取消按钮，可修改该控件的________属性。

A. Enabled　　B. Value　　C. Default　　D. Cancel

（8）要使文字框显示滚动条，除了设置 ScrollBars 属性外，还需设置________属性。

A. Multiline　　B. AutoSize

C. PasswordChar　　D. MaxLength

（9）引用复合框 ComboBox1 的最后一个列表项应使用________。

A. ComboBox1.List(ComboBox1.ListCount)

B. ComboBox1.List(ComboBox1.ListCount-1)

C. ComboBox1.List(ListCount)

D. ComboBox1.List(ListCount-1)

（10）下面________是为图像控件 Image1 加载图像的正确描述语句。

A. Image1.Picture = "C:\Hi.jpg"

B. Image1.LoadPicture("C:\Hi.jpg")

C. Image1.Picture = LoadPicture(C:\Hi.jpg)

D. Image1.Picture = LoadPicture("C:\Hi.jpg")

3. 设计题

（1）新建一个工作簿，在 Sheet1 工作表中插入窗体控件中的 1 个分组框和 3 个滚动条，然后完成调色板程序的设计，运行界面如图 6.50 所示。当滚动条的滑块位置改变时，E12、E14 和 E16 三个单元格的数值会发生改变（变化范围为：0～255），同时 C4:D7 单元格区域的填充色会显示调色后的颜色。

	A	B	C	D	E	F
1						
2		颜色预览				
3						
4						
5						
6						
7						
8						
9						
10						
11					红	
12					160	
13					绿	
14					76	
15					蓝	
16					204	

图 6.50　使用窗体控件实现的调色板

（2）设计一个用户窗体与工作表交互的程序，效果如图 6.51 所示。窗体上有 1 个文字框、1 个列表框和 4 个命令按钮，单击“导入”按钮时，将 Sheet1 工作表第一列的水果列表导入列表框；在文字框输入一种水果的名称，单击“添加”，可将此水果加入到列表框中；单击“删除”按钮时，将列表框中选中的水果删除；单击“保存”按钮时，则将列表框中的水果列表覆盖 Sheet1 工作表第一列的水果列表。

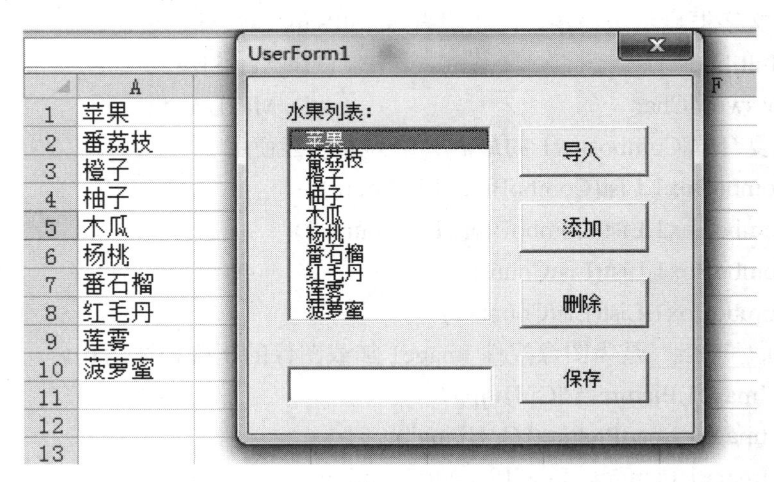

图 6.51　用户窗体与工作表交互

（3）已知某工作簿的 Sheet1 工作表中存放了一些人员的姓名和出生日期，编写程序，要求在打开此工作簿时，弹出一个用户窗体并显示本周即将（包括今日）要过生日的人员名单，效果如图 6.52 所示。

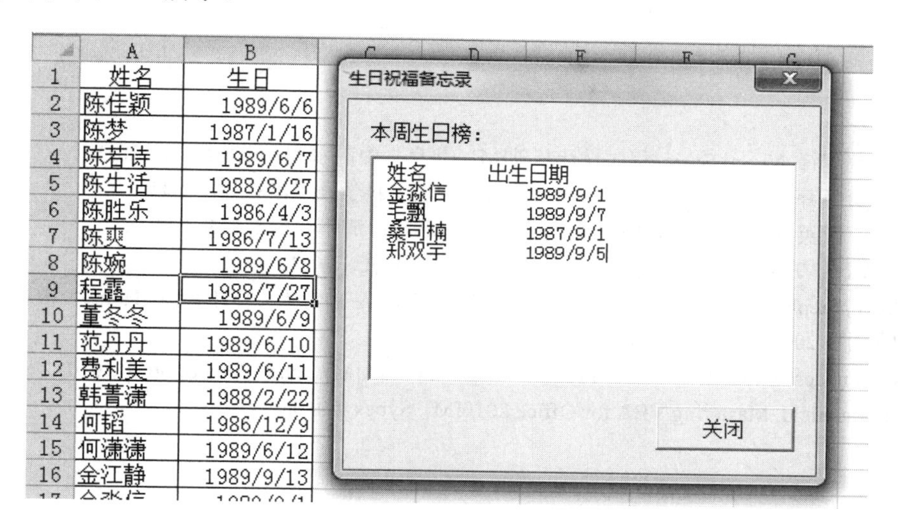

图 6.52　自动显示本周生日榜

参 考 文 献

[1] 林永兴，赵建锋. Visual Basic 程序设计基础[M]. 北京：中国水利水电出版社，2011.

[2] 孟学多. VB 程序设计基础与 VBA 应用[M]. 杭州：浙江科学技术出版社，2011.

[3] 刘增杰，王英英. Excel 2010 VBA 入门与实战[M]. 北京：清华大学出版社，2012.

[4] 张志东. Excel VBA 基础入门 [M]. 北京：人民邮电出版社，2011.

[5] John Green, Stephen Bullen, Bob Bovey, etc. Excel 2007 VBA 参考大全[M]. Excel Home，译.北京：人民邮电出版社，2009.

[6] John Walkenbach. Excel 2010 Power Programming with VBA[M]. John Wiley & Sons, 2010.

[7] Richard Mansfield. Mastering VBA for Office 2010[M]. Sybex, 2010.